# Zum Zehner ergänzen

Welche Zahlen fehlen in den Aufgaben?

43 + ___ = 50

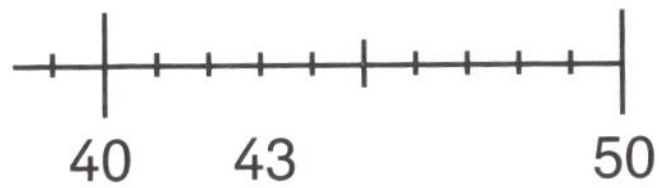


36 + ___ = 40

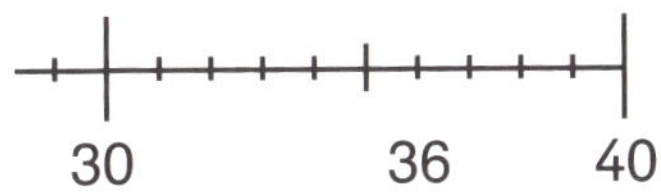

24 + ___ = 30

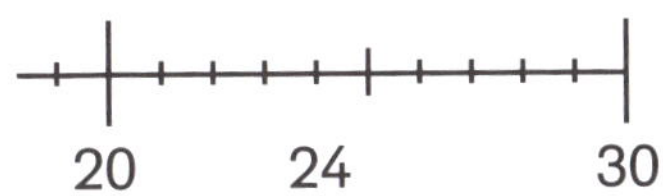


| | | | | | | |
|---|---|---|---|---|---|---|
| 4 | 7 | + | 3 | = | 5 | 0 |
| 2 | 7 | + | | = | 3 | 0 |
| 6 | 4 | + | | = | 7 | 0 |
| 8 | 6 | + | | = | 9 | 0 |
| 3 | 5 | + | | = | 4 | 0 |
| 4 | 6 | + | | = | 5 | 0 |
| 2 | 5 | + | | = | 3 | 0 |

| | | | | | | |
|---|---|---|---|---|---|---|
| 8 | 2 | + | | = | 9 | 0 |
| 3 | 4 | + | | = | 4 | 0 |
| 1 | 1 | + | | = | 2 | 0 |
| 7 | 6 | + | | = | 8 | 0 |
| 2 | 9 | + | | = | 3 | 0 |
| 5 | 2 | + | | = | 6 | 0 |
| 8 | 2 | + | | = | 9 | 0 |

# Zum Zehner ergänzen

Welche Zahlen fehlen in den Aufgaben?

43 + 7 = 50

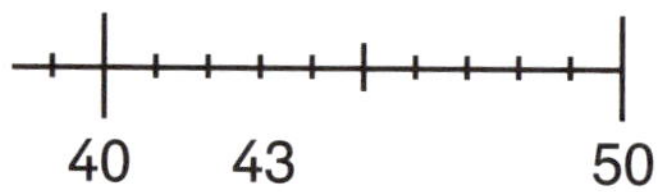

36 + 4 = 40

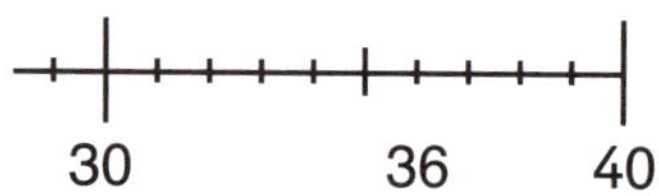


24 + 6 = 30

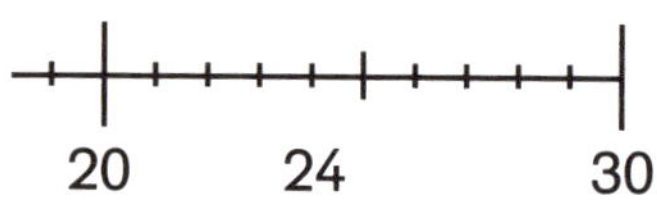


Lösungsseite

| | | | | | | |
|---|---|---|---|---|---|---|
| 4 | 7 | + | 3 | = | 5 | 0 |
| 2 | 7 | + | 3 | = | 3 | 0 |
| 6 | 4 | + | 6 | = | 7 | 0 |
| 8 | 6 | + | 4 | = | 9 | 0 |
| 3 | 5 | + | 5 | = | 4 | 0 |
| 4 | 6 | + | 4 | = | 5 | 0 |
| 2 | 5 | + | 5 | = | 3 | 0 |

| | | | | | | |
|---|---|---|---|---|---|---|
| 8 | 2 | + | 8 | = | 9 | 0 |
| 3 | 4 | + | 6 | = | 4 | 0 |
| 1 | 1 | + | 9 | = | 2 | 0 |
| 7 | 6 | + | 4 | = | 8 | 0 |
| 2 | 9 | + | 1 | = | 3 | 0 |
| 5 | 2 | + | 8 | = | 6 | 0 |
| 8 | 2 | + | 8 | = | 9 | 0 |

# Addieren

Rechne in zwei Schritten.

| | | | | | | |
|---|---|---|---|---|---|---|
| 4 | 8 | + | 6 | = | 5 | 4 |
| 4 | 8 | + | 2 | = | 5 | 0 |
| 5 | 0 | + | 4 | = | 5 | 4 |

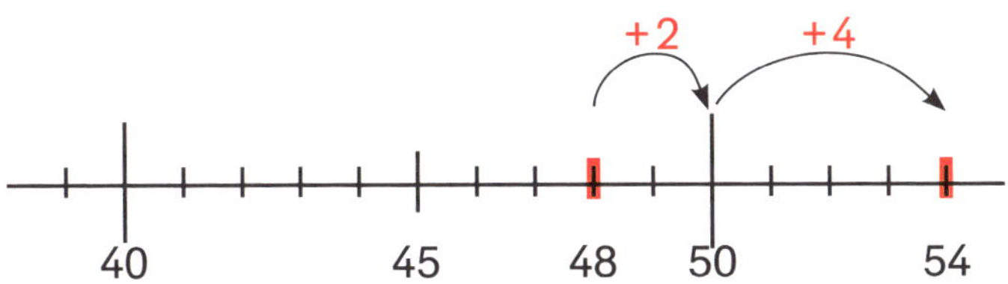

| | | | | | | |
|---|---|---|---|---|---|---|
| 2 | 8 | + | 3 | = | | |
| 2 | 8 | + | 2 | = | | |
| | | + | 1 | = | | |

| | | | | | | |
|---|---|---|---|---|---|---|
| 5 | 8 | + | 7 | = | | |
| 5 | 8 | + | | = | | |
| | | + | | = | | |

| | | | | | | |
|---|---|---|---|---|---|---|
| 4 | 9 | + | 5 | = | | |
| 4 | 9 | + | 1 | = | | |
| | | + | 4 | = | | |

| | | | | | | |
|---|---|---|---|---|---|---|
| 7 | 7 | + | 5 | = | | |
| 7 | 7 | + | | = | | |
| | | + | | = | | |

# Addieren

Rechne in zwei Schritten.

| | | | | | | |
|---|---|---|---|---|---|---|
| 4 | 8 | + | 6 | = | 5 | 4 |
| 4 | 8 | + | 2 | = | 5 | 0 |
| 5 | 0 | + | 4 | = | 5 | 4 |

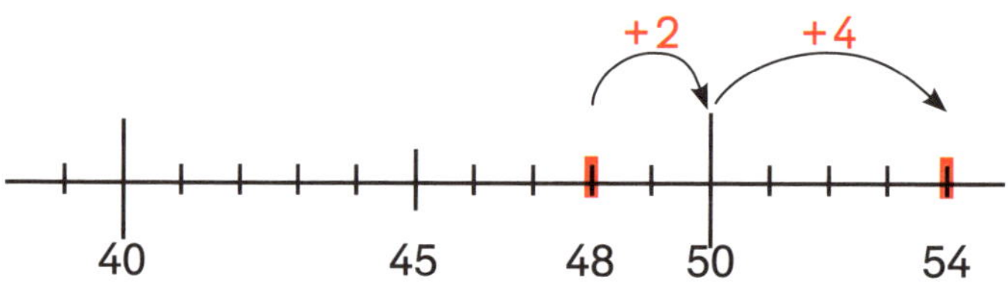


Lösungsseite

| | | | | | | |
|---|---|---|---|---|---|---|
| 2 | 8 | + | 3 | = | 3 | 1 |
| 2 | 8 | + | 2 | = | 3 | 0 |
| 3 | 0 | + | 1 | = | 3 | 1 |

| | | | | | | |
|---|---|---|---|---|---|---|
| 5 | 8 | + | 7 | = | 6 | 5 |
| 5 | 8 | + | 2 | = | 6 | 0 |
| 6 | 0 | + | 5 | = | 6 | 5 |

| | | | | | | |
|---|---|---|---|---|---|---|
| 4 | 9 | + | 5 | = | 5 | 4 |
| 4 | 9 | + | 1 | = | 5 | 0 |
| 5 | 0 | + | 4 | = | 5 | 4 |

| | | | | | | |
|---|---|---|---|---|---|---|
| 7 | 7 | + | 5 | = | 8 | 2 |
| 7 | 7 | + | 3 | = | 8 | 0 |
| 8 | 0 | + | 2 | = | 8 | 2 |

# Addieren

Rechne schrittweise.

| | | | | | | | |
|---|---|---|---|---|---|---|---|
| 2 | 6 | + | 1 | 5 | = | | |
| 2 | 6 | + | 1 | 0 | = | 3 | 6 |
| 3 | 6 | + | | 5 | = | | |

| | | | | | | | |
|---|---|---|---|---|---|---|---|
| 3 | 9 | + | 2 | 6 | = | | |
| 3 | 9 | + | | | = | | |
| | | + | | 6 | = | | |

| | | | | | | | |
|---|---|---|---|---|---|---|---|
| 4 | 8 | + | 3 | 7 | = | | |
| 4 | 8 | + | | | = | | |
| | | + | | | = | | |

| | | | | | | | |
|---|---|---|---|---|---|---|---|
| 3 | 7 | + | 1 | 8 | = | | |
| 3 | 7 | + | | | = | | |
| | | + | | | = | | |

# Addieren

Rechne schrittweise.

| | | | | | | | |
|---|---|---|---|---|---|---|---|
| 2 | 6 | + | 1 | 5 | = | 4 | 1 |
| 2 | 6 | + | 1 | 0 | = | 3 | 6 |
| 3 | 6 | + | | 5 | = | 4 | 1 |

| | | | | | | | |
|---|---|---|---|---|---|---|---|
| 3 | 9 | + | 2 | 6 | = | 6 | 5 |
| 3 | 9 | + | 2 | 0 | = | 5 | 9 |
| 5 | 9 | + | | 6 | = | 6 | 5 |

| | | | | | | | |
|---|---|---|---|---|---|---|---|
| 4 | 8 | + | 3 | 7 | = | 8 | 5 |
| 4 | 8 | + | 3 | 0 | = | 7 | 8 |
| 7 | 8 | + | | 7 | = | 8 | 5 |

| | | | | | | | |
|---|---|---|---|---|---|---|---|
| 3 | 7 | + | 1 | 8 | = | 5 | 5 |
| 3 | 7 | + | 1 | 0 | = | 4 | 7 |
| 4 | 7 | + | | 8 | = | 5 | 5 |

Lösungsseite

# Geschickt addieren

Ergänze die Zahlen und rechne die Aufgabe.

17 + 6 + 3 + 24 = ☐

17 + ☐ + 24 + ☐

20 + 30 = ☐

# Geschickt addieren

Ergänze die Zahlen und rechne die Aufgabe.

17 + 6 + 3 + 24 = 50

17 + 3 + 24 + 6

20 + 30 = 50

Lösungsseite

Oft kannst du Plusaufgaben leichter rechnen, wenn du die Zahlen umstellst.

# Geschickt addieren

Stelle die Zahlen um und rechne geschickt.

53 + 18 + 7 + 2 =
53 + + + =
60 + 20 =

2 + 46 + 18 + 4 =
\+ + + =
\+ =

7 + 38 + 43 + 2 =
\+ + + =
\+ =

32 + 27 + 8 + 3 =
\+ + + =
\+ =

# Geschickt addieren

Stelle die Zahlen um und rechne geschickt.

| | | | | | | | | | | | | |
|---|---|---|---|---|---|---|---|---|---|---|---|---|
| 5 | 3 | + | 1 | 8 | + | | 7 | + | 2 | = | 8 | 0 |
| 5 | 3 | + | | 7 | + | 1 | 8 | + | 2 | = | 8 | 0 |
| | | | 6 | 0 | + | 2 | 0 | | | = | 8 | 0 |

| | | | | | | | | | | | | |
|---|---|---|---|---|---|---|---|---|---|---|---|---|
| | 2 | + | 4 | 6 | + | 1 | 8 | + | 4 | = | 7 | 0 |
| 4 | 6 | + | | 4 | + | 1 | 8 | + | 2 | = | 7 | 0 |
| | | | 5 | 0 | + | 2 | 0 | | | = | 7 | 0 |

| | | | | | | | | | | | | |
|---|---|---|---|---|---|---|---|---|---|---|---|---|
| | 7 | + | 3 | 8 | + | 4 | 3 | + | 2 | = | 9 | 0 |
| 3 | 8 | + | | 2 | + | 4 | 3 | + | 7 | = | 9 | 0 |
| | | | 4 | 0 | + | 5 | 0 | | | = | 9 | 0 |

| | | | | | | | | | | | | |
|---|---|---|---|---|---|---|---|---|---|---|---|---|
| 3 | 2 | + | 2 | 7 | + | | 8 | + | 3 | = | 7 | 0 |
| 3 | 2 | + | | 8 | + | 2 | 7 | + | 3 | = | 7 | 0 |
| | | | 4 | 0 | + | 3 | 0 | | | = | 7 | 0 |

Lösungsseite

# Suchbild

Das kleine Quadrat von unten gibt es oben dreimal.
Klebe die Sticker an die richtige Stelle.

# Suchbild

Das kleine Quadrat von unten gibt es oben dreimal.
Klebe die Sticker an die richtige Stelle.

Lösungsseite

Ordne die Nomen richtig ein.

Menschen

Dinge

VATER TÜR BUCH
FISCH GRAS SPORTLER
KÄNGURU
UHR PALME
KÄFER ROSE MÄDCHEN

Tiere

Pflanzen

# Nomen (Namenwörter)

Ordne die Nomen richtig ein.

**Dinge**

Tür
Buch
Uhr

**Menschen**

Vater
Sportler
Mädchen

VATER TÜR BUCH FISCH GRAS SPORTLER KÄNGURU UHR PALME KÄFER ROSE MÄDCHEN

**Tiere**

Fisch
Känguru
Käfer

**Pflanzen**

Gras
Palme
Rose

Lösungsseite

# Nomen (Namenwörter)

Trage die Nomen richtig ein.

~~Gras~~ Angst Lineal Liebe Mut Ball Wut Tier

Das kannst du weder sehen noch anfassen:

1. 
2. 
3. 
4. 

Das kannst du sehen oder anfassen:

1. Gras
2. 
3. 
4. 

Viele Dinge kannst du nicht sehen oder anfassen – trotzdem haben sie Namen.

# Nomen (Namenwörter)

Trage die Nomen richtig ein.

~~Gras~~ ~~Angst~~ ~~Lineal~~ ~~Liebe~~ ~~Mut~~ ~~Ball~~ ~~Wut~~ ~~Tier~~

Das kannst du sehen oder anfassen:

1. Gras
2. Lineal
3. Ball
4. Tier

Das kannst du weder sehen noch anfassen:

1. Angst
2. Liebe
3. Mut
4. Wut

Lösungsseite

Viele Dinge kannst du nicht sehen oder anfassen – trotzdem haben sie Namen.

# Zusammengesetzte Nomen

Welches zusammengesetzte Nomen passt?
Schreibe es daneben. Unterstreiche die Teile farbig.

Taschenbuch

Spiegelei

Haustür

Fußball

Apfelkuchen

Blumentopf

# Zusammengesetzte Nomen

Welches zusammengesetzte Nomen passt?
Schreibe es daneben. Unterstreiche die Teile farbig.

Lösungsseite

Taschenbuch

Spiegelei

Haustür

Blumentopf

Fußball

Taschenbuch

Apfelkuchen

Haustür

Blumentopf

Apfelkuchen

# Zusammengesetzte Nomen

Was passt zusammen? Trage die richtigen Zahlen ein und schreibe die zusammengesetzten Nomen auf.

| | | | | |
|---|---|---|---|---|
| 1 | Regen- | | -scheibe | 1 Regenschirm |
| 2 | Fenster- | 1 | -schirm | |
| 3 | Segel- | | -fenster | |
| 4 | Schau- | | -schiff | |
| 5 | Licht- | | -werfer | |
| 6 | Obst- | | -schalter | |
| 7 | Schein- | | -schale | |

# Zusammengesetzte Nomen

Was passt zusammen? Trage die richtigen Zahlen ein und schreibe die zusammengesetzten Nomen auf.

| | | | | |
|---|---|---|---|---|
| 1 | Regen- | 2 | -scheibe | 1 Regenschirm |
| 2 | Fenster- | 1 | -schirm | 2 Fensterscheibe |
| 3 | Segel- | 4 | -fenster | 3 Segelschiff |
| 4 | Schau- | 3 | -schiff | 4 Schaufenster |
| 5 | Licht- | 7 | -werfer | 5 Lichtschalter |
| 6 | Obst- | 5 | -schalter | 6 Obstschale |
| 7 | Schein- | 6 | -schale | 7 Scheinwerfer |

Lösungsseite

Schreibe alle Nomen im Singular und im Plural auf.

| Singular (Einzahl) | Plural (Mehrzahl) |
|---|---|
| ein Fisch | viele Fische |
| | |
| | |
| | |
| | |
| | |
| | |
| | |

# Singular – Plural

Schreibe alle Nomen im Singular
und im Plural auf.

Lösungsseite

| Singular (Einzahl) | Plural (Mehrzahl) |
|---|---|
| ein Fisch | viele Fische |
| ein Tiger | viele Tiger |
| ein Esel | viele Esel |
| ein Zebra | viele Zebras |
| eine Gans | viele Gänse |
| ein Bär | viele Bären |
| ein Elefant | viele Elefanten |
| ein Vogel | viele Vögel |

# Der bestimmte Artikel

Trage alle Nomen mit dem bestimmten Artikel (Begleiter) ein.

der Kater
die Katze
das Kätzchen

der Hengst
die
das
Stute Fohlen

der Stier
die
Kuh Kalb

der Hahn
die
Henne Küken

# Der bestimmte Artikel

Trage alle Nomen mit dem bestimmten Artikel (Begleiter) ein.

der Kater
die Katze
das Kätzchen

der Hengst

die Stute

das Fohlen

Stute Fohlen

der Stier

die Kuh

das Kalb

Kuh Kalb

der Hahn

die Henne

das Küken

Henne Küken

Lösungsseite

# Sudoku

Klebe die passenden Sticker auf. In jeder Reihe, in jeder Spalte und in jedem Rechteck darf eine Frucht nur einmal vorkommen.

# Sudoku

Klebe die passenden Sticker auf. In jeder Reihe, in jeder Spalte und in jedem Rechteck darf eine Frucht nur einmal vorkommen.

Lösungsseite

# Subtrahieren

Rechne immer minus.

| | | | | | | |
|---|---|---|---|---|---|---|
| 2 | 4 | − | 2 | = | | |
| 3 | 8 | − | 5 | = | | |
| 4 | 9 | − | 4 | = | | |
| 5 | 5 | − | 3 | = | | |
| 6 | 8 | − | 6 | = | | |

| | | | | | | |
|---|---|---|---|---|---|---|
| 7 | 8 | − | 6 | = | | |
| 8 | 5 | − | 3 | = | | |
| 9 | 8 | − | 2 | = | | |
| 2 | 7 | − | 4 | = | | |
| 3 | 9 | − | 5 | = | | |

| | | | | | | |
|---|---|---|---|---|---|---|
| 2 | 5 | − | 4 | = | | |
| 3 | 6 | − | 3 | = | | |
| 4 | 6 | − | 2 | = | | |
| 5 | 9 | − | 3 | = | | |
| 2 | 8 | − | 2 | = | | |

| | | | | | | |
|---|---|---|---|---|---|---|
| 6 | 4 | − | 3 | = | | |
| 7 | 5 | − | 2 | = | | |
| 8 | 9 | − | 5 | = | | |
| 6 | 7 | − | 5 | = | | |
| 9 | 8 | − | 4 | = | | |

# Subtrahieren

Rechne immer minus.

Lösungsseite

| | | | | | | |
|---|---|---|---|---|---|---|
| 2 | 4 | – | 2 | = | 2 | 2 |
| 3 | 8 | – | 5 | = | 3 | 3 |
| 4 | 9 | – | 4 | = | 4 | 5 |
| 5 | 5 | – | 3 | = | 5 | 2 |
| 6 | 8 | – | 6 | = | 6 | 2 |

| | | | | | | |
|---|---|---|---|---|---|---|
| 7 | 8 | – | 6 | = | 7 | 2 |
| 8 | 5 | – | 3 | = | 8 | 2 |
| 9 | 8 | – | 2 | = | 9 | 6 |
| 2 | 7 | – | 4 | = | 2 | 3 |
| 3 | 9 | – | 5 | = | 3 | 4 |

| | | | | | | |
|---|---|---|---|---|---|---|
| 2 | 5 | – | 4 | = | 2 | 1 |
| 3 | 6 | – | 3 | = | 3 | 3 |
| 4 | 6 | – | 2 | = | 4 | 4 |
| 5 | 9 | – | 3 | = | 5 | 6 |
| 2 | 8 | – | 2 | = | 2 | 6 |

| | | | | | | |
|---|---|---|---|---|---|---|
| 6 | 4 | – | 3 | = | 6 | 1 |
| 7 | 5 | – | 2 | = | 7 | 3 |
| 8 | 9 | – | 5 | = | 8 | 4 |
| 6 | 7 | – | 5 | = | 6 | 2 |
| 9 | 8 | – | 4 | = | 9 | 4 |

Rechne in zwei Schritten.

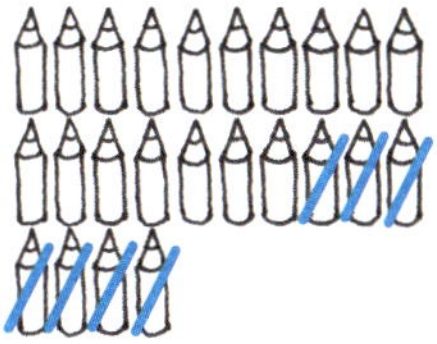

| |
|---|
| 2 4 − 7 |
| 2 4 − 4 − 3 = |

| |
|---|
| 9 2 − 5 |
| 9 2 − − = |

| |
|---|
| 8 1 − 6 |
| 8 1 − − = |

| |
|---|
| 5 4 − 8 |
| 5 4 − − = |

| |
|---|
| 9 5 − 7 |
| 9 5 − − = |

| |
|---|
| 2 7 − 9 |
| 2 7 − − = |

# Subtrahieren

Rechne in zwei Schritten.

| | | | | | | | | |
|---|---|---|---|---|---|---|---|---|
| 2 | 4 | – | 7 | | | | | |
| 2 | 4 | – | 4 | – | 3 | = | 1 | 7 |

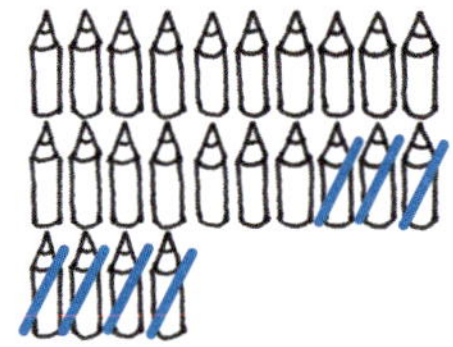

| | | | | | | | | |
|---|---|---|---|---|---|---|---|---|
| 9 | 2 | – | 5 | | | | | |
| 9 | 2 | – | 2 | – | 3 | = | 8 | 7 |

| | | | | | | | | |
|---|---|---|---|---|---|---|---|---|
| 8 | 1 | – | 6 | | | | | |
| 8 | 1 | – | 1 | – | 5 | = | 7 | 5 |

Lösungsseite

| | | | | | | | | |
|---|---|---|---|---|---|---|---|---|
| 5 | 4 | – | 8 | | | | | |
| 5 | 4 | – | 4 | – | 4 | = | 4 | 6 |

| | | | | | | | | |
|---|---|---|---|---|---|---|---|---|
| 9 | 5 | – | 7 | | | | | |
| 9 | 5 | – | 5 | – | 2 | = | 8 | 8 |

| | | | | | | | | |
|---|---|---|---|---|---|---|---|---|
| 2 | 7 | – | 9 | | | | | |
| 2 | 7 | – | 7 | – | 2 | = | 1 | 8 |

# Subtrahieren

Rechne immer minus.

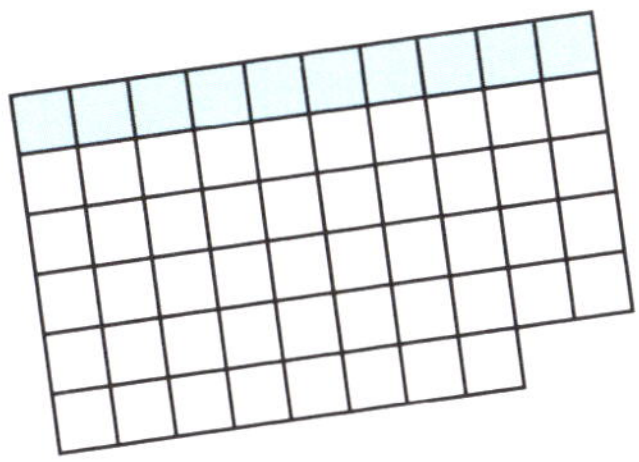

58 – 10 =

45 – 20 =
34 – 10 =
62 – 30 =
28 – 20 =
56 – 40 =

41 – 10 =
76 – 40 =
52 – 20 =
64 – 30 =
93 – 60 =

21 – 10 =
55 – 40 =
32 – 20 =
66 – 40 =
43 – 30 =

34 – 20 =
63 – 10 =
45 – 30 =
72 – 40 =
56 – 20 =

# Subtrahieren

Rechne immer minus.

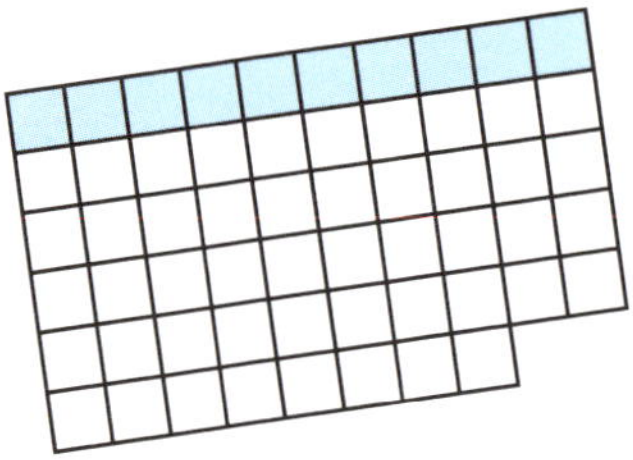

58 – 10 = 48

Lösungsseite

| | | | | | | | | |
|---|---|---|---|---|---|---|---|---|
| 4 | 5 | – | 2 | 0 | = | 2 | 5 |
| 3 | 4 | – | 1 | 0 | = | 2 | 4 |
| 6 | 2 | – | 3 | 0 | = | 3 | 2 |
| 2 | 8 | – | 2 | 0 | = | | 8 |
| 5 | 6 | – | 4 | 0 | = | 1 | 6 |

| | | | | | | | |
|---|---|---|---|---|---|---|---|
| 4 | 1 | – | 1 | 0 | = | 3 | 1 |
| 7 | 6 | – | 4 | 0 | = | 3 | 6 |
| 5 | 2 | – | 2 | 0 | = | 3 | 2 |
| 6 | 4 | – | 3 | 0 | = | 3 | 4 |
| 9 | 3 | – | 6 | 0 | = | 3 | 3 |

| | | | | | | | |
|---|---|---|---|---|---|---|---|
| 2 | 1 | – | 1 | 0 | = | 1 | 1 |
| 5 | 5 | – | 4 | 0 | = | 1 | 5 |
| 3 | 2 | – | 2 | 0 | = | 1 | 2 |
| 6 | 6 | – | 4 | 0 | = | 2 | 6 |
| 4 | 3 | – | 3 | 0 | = | 1 | 3 |

| | | | | | | | |
|---|---|---|---|---|---|---|---|
| 3 | 4 | – | 2 | 0 | = | 1 | 4 |
| 6 | 3 | – | 1 | 0 | = | 5 | 3 |
| 4 | 5 | – | 3 | 0 | = | 1 | 5 |
| 7 | 2 | – | 4 | 0 | = | 3 | 2 |
| 5 | 6 | – | 2 | 0 | = | 3 | 6 |

# Subtrahieren

Rechne immer in zwei Schritten.

| | | | | | | | |
|---|---|---|---|---|---|---|---|
| 9 | 2 | − | 4 | 6 | = | | |
| 9 | 2 | − | 4 | 0 | = | 5 | 2 |
| 5 | 2 | − | | 6 | = | 4 | 6 |

| | | | | | | | |
|---|---|---|---|---|---|---|---|
| 8 | 5 | − | 2 | 7 | = | | |
| 8 | 5 | − | 2 | 0 | = | | |
| | | − | | 7 | = | | |

| | | | | | | | |
|---|---|---|---|---|---|---|---|
| 7 | 3 | − | 4 | 6 | = | | |
| 7 | 3 | − | | | = | | |
| | | − | | | = | | |

| | | | | | | | |
|---|---|---|---|---|---|---|---|
| 6 | 5 | − | 3 | 7 | = | | |
| 6 | 5 | − | | | = | | |
| | | − | | | = | | |

Rechne immer in zwei Schritten.

| | | | | | | | |
|---|---|---|---|---|---|---|---|
| 9 | 2 | – | 4 | 6 | = | | |
| 9 | 2 | – | 4 | 0 | = | 5 | 2 |
| 5 | 2 | – | | 6 | = | 4 | 6 |

| | | | | | | | |
|---|---|---|---|---|---|---|---|
| 8 | 5 | – | 2 | 7 | = | | |
| 8 | 5 | – | 2 | 0 | = | 6 | 5 |
| 6 | 5 | – | | 7 | = | 5 | 8 |

| | | | | | | | |
|---|---|---|---|---|---|---|---|
| 7 | 3 | – | 4 | 6 | = | | |
| 7 | 3 | – | 4 | 0 | = | 3 | 3 |
| 3 | 3 | – | | 6 | = | 2 | 7 |

| | | | | | | | |
|---|---|---|---|---|---|---|---|
| 6 | 5 | – | 3 | 7 | = | | |
| 6 | 5 | – | 3 | 0 | = | 3 | 5 |
| 3 | 5 | – | | 7 | = | 2 | 8 |

# Umkehraufgaben

Rechne die Minusaufgaben und schreibe die passenden Umkehraufgaben auf.

| | | | | | | | |
|---|---|---|---|---|---|---|---|
| 6 | 9 | – | 2 | 5 | = | 4 | 4 |
| 7 | 4 | – | 3 | 6 | = | | |
| 4 | 8 | – | 2 | 3 | = | | |
| 9 | 6 | – | 3 | 2 | = | | |

| | | | | | | | |
|---|---|---|---|---|---|---|---|
| 4 | 4 | + | 2 | 5 | = | 6 | 9 |
| | | + | 3 | 6 | = | | |
| | | + | 2 | 3 | = | | |
| | | + | 3 | 2 | = | | |

| | | | | | | | |
|---|---|---|---|---|---|---|---|
| 2 | 2 | – | 1 | 1 | = | | |
| 8 | 4 | – | 2 | 3 | = | | |
| 9 | 7 | – | 4 | 5 | = | | |
| 7 | 5 | – | 2 | 3 | = | | |

| | | | | | | | |
|---|---|---|---|---|---|---|---|
| 1 | 1 | + | 1 | 1 | = | | |
| | | + | 2 | 3 | = | | |
| | | + | 4 | 5 | = | | |
| | | + | 2 | 3 | = | | |

# Umkehraufgaben

Rechne die Minusaufgaben und schreibe die passenden Umkehraufgaben auf.

| | | | | | | | |
|---|---|---|---|---|---|---|---|
| 6 | 9 | – | 2 | 5 | = | 4 | 4 |
| 7 | 4 | – | 3 | 6 | = | 3 | 8 |
| 4 | 8 | – | 2 | 3 | = | 2 | 5 |
| 9 | 6 | – | 3 | 2 | = | 6 | 4 |

| | | | | | | | |
|---|---|---|---|---|---|---|---|
| 4 | 4 | + | 2 | 5 | = | 6 | 9 |
| 3 | 8 | + | 3 | 6 | = | 7 | 4 |
| 2 | 5 | + | 2 | 3 | = | 4 | 8 |
| 6 | 4 | + | 3 | 2 | = | 9 | 6 |

Lösungsseite

| | | | | | | | |
|---|---|---|---|---|---|---|---|
| 2 | 2 | – | 1 | 1 | = | 1 | 1 |
| 8 | 4 | – | 2 | 3 | = | 6 | 1 |
| 9 | 7 | – | 4 | 5 | = | 5 | 2 |
| 7 | 5 | – | 2 | 3 | = | 5 | 2 |

| | | | | | | | |
|---|---|---|---|---|---|---|---|
| 1 | 1 | + | 1 | 1 | = | 2 | 2 |
| 6 | 1 | + | 2 | 3 | = | 8 | 4 |
| 5 | 2 | + | 4 | 5 | = | 9 | 7 |
| 5 | 2 | + | 2 | 3 | = | 7 | 5 |

# Zauberquadrate

Welche Zahlen fehlen?

| | | | |
|---|---|---|---|
| 30 | 2 | | 25 |
| 26 | | 10 | 14 |
| 4 | 45 | 5 | 8 |
| | 3 | 42 | 15 |

| | | | |
|---|---|---|---|
| | 49 | 9 | 31 |
| 27 | 13 | 53 | |
| 61 | 11 | | 5 |
| 1 | | 15 | 57 |

| | | | |
|---|---|---|---|
| 8 | 50 | 10 | |
| | 14 | 54 | |
| 62 | | 20 | 6 |
| 2 | 24 | | 58 |

# Zauberquadrate

Welche Zahlen fehlen?

| | | | |
|---|---|---|---|
| 30 | 2 | 5 | 25 |
| 26 | 12 | 10 | 14 |
| 4 | 45 | 5 | 8 |
| 2 | 3 | 42 | 15 |

| | | | |
|---|---|---|---|
| 7 | 49 | 9 | 31 |
| 27 | 13 | 53 | 3 |
| 61 | 11 | 19 | 5 |
| 1 | 23 | 15 | 57 |

| | | | |
|---|---|---|---|
| 8 | 50 | 10 | 32 |
| 28 | 14 | 54 | 4 |
| 62 | 12 | 20 | 6 |
| 2 | 24 | 16 | 58 |

Lösungsseite

Linus sucht die alten Uhren seiner Oma.
Findest du die Uhren?

Linus sucht die alten Uhren seiner Oma.
Findest du die Uhren?

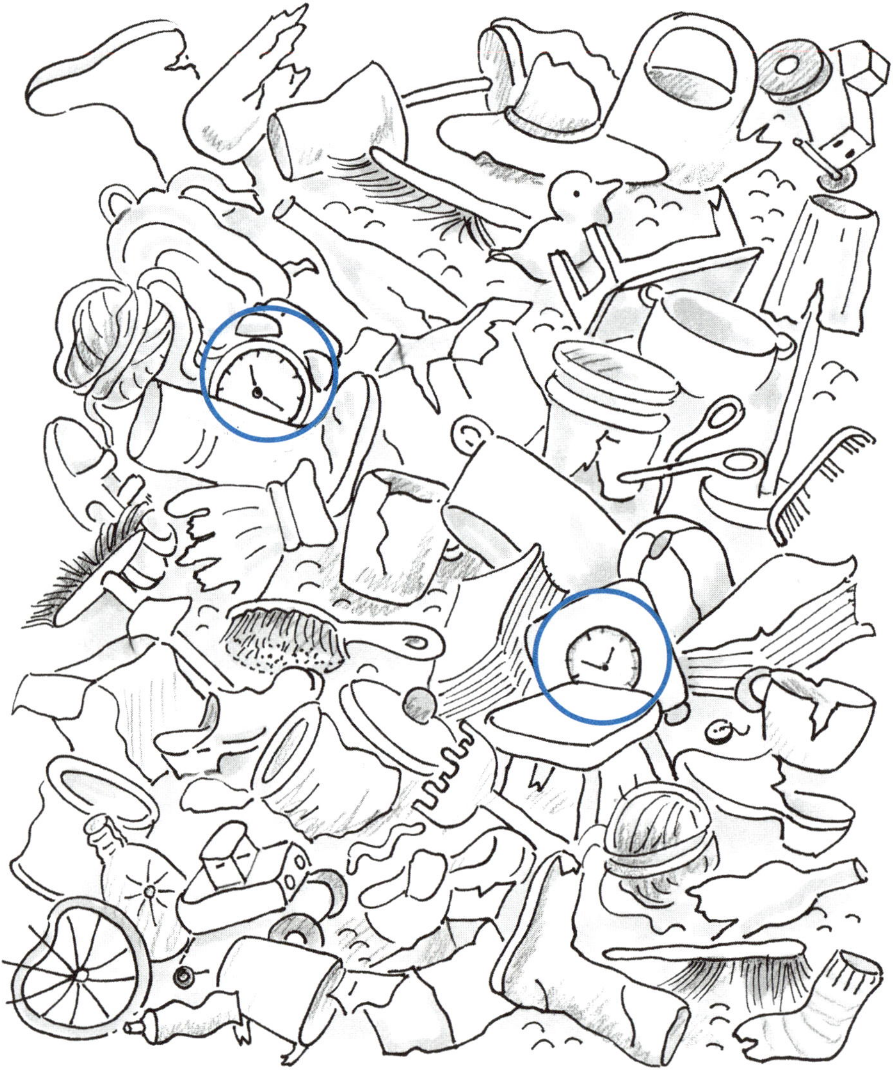

# Der unbestimmte Artikel

Schreibe die Nomen mit dem passenden unbestimmtem Artikel (Begleiter) auf.

| | |
|---|---|
| der Buntstift | ein Buntstift |
| das Brot | |
| die Katze | |
| das Fahrrad | |
| der Ball | |
| die Blume | |
| der Pulli | |
| das Auto | |
| die Flasche | |
| das Glas | |

# Der unbestimmte Artikel

Schreibe die Nomen mit dem passenden unbestimmtem Artikel (Begleiter) auf.

| | |
|---|---|
| der Buntstift | ein Buntstift |
| das Brot | ein Brot |
| die Katze | eine Katze |
| das Fahrrad | ein Fahrrad |
| der Ball | ein Ball |
| die Blume | eine Blume |
| der Pulli | ein Pulli |
| das Auto | ein Auto |
| die Flasche | eine Flasche |
| das Glas | ein Glas |

Lösungsseite

# Adjektive (Wiewörter)

Wie heißt das Gegenteil? Male immer zwei Adjektive in derselben Farbe an.

# Adjektive (Wiewörter)

Wie heißt das Gegenteil? Male immer zwei Adjektive in derselben Farbe an.

Lösungsseite

# Adjektive (Wiewörter)

Schreibe die Wörter unter das jeweils passende Bild.

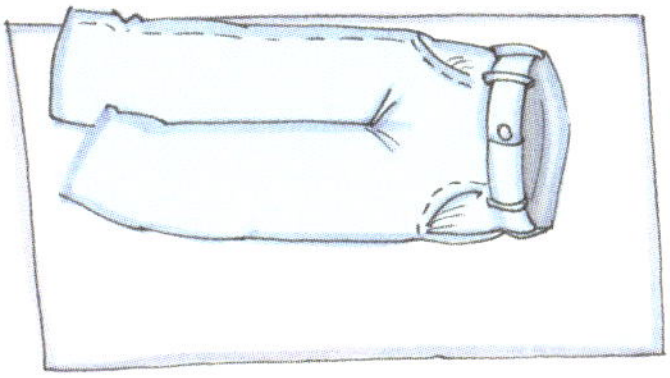

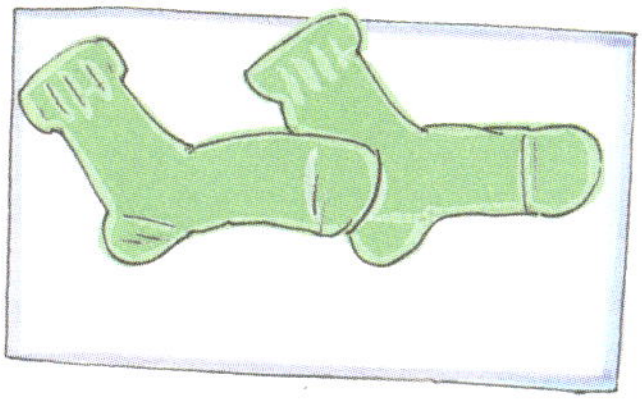

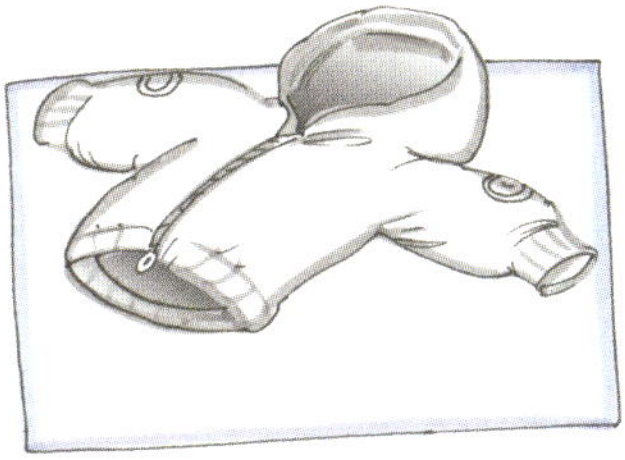

ZWEIGRÜNESOCKEN
EINELANGEHOSE
EINEWARMEJACKE
EINKARIERTESHEMD

Schreibe die Wörter unter das jeweils passende Bild.

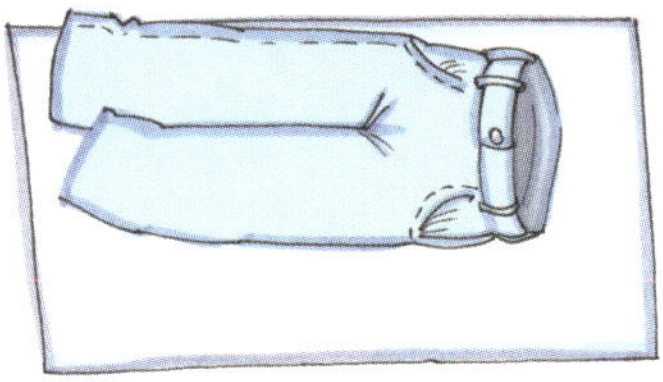

eine lange Hose

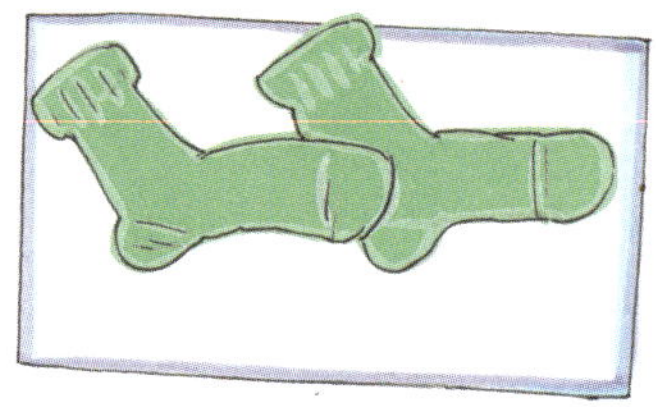

zwei grüne Socken

ein kariertes Hemd

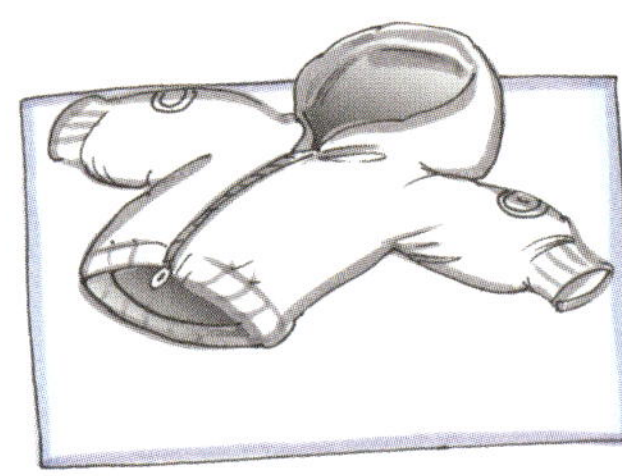

eine warme Jacke

Lösungsseite

ZWEIGRÜNESOCKEN
EINELANGEHOSE
EINEWARMEJACKE
EINKARIERTESHEMD

# Adjektive steigern

Ergänze den folgenden Satz.

Der Radfahrer ist schnell .

Das Auto ist ______________ .

Das Flugzeug ist am schnellsten .

Steigere die Adjektive und schreibe auf.

| | | |
|---|---|---|
| klein | | |
| schön | | am schönsten |
| groß | größer | |
| dick | | |
| klug | | |
| alt | | |
| lang | | |
| kurz | | |

# Adjektive steigern

Ergänze den folgenden Satz.

Der Radfahrer ist schnell.

Das Auto ist schneller.

Das Flugzeug ist am schnellsten.

Steigere die Adjektive und schreibe auf.

| | | |
|---|---|---|
| klein | kleiner | am kleinsten |
| schön | schöner | am schönsten |
| groß | größer | am größten |
| dick | dicker | am dicksten |
| klug | klüger | am klügsten |
| alt | älter | am ältesten |
| lang | länger | am längsten |
| kurz | kürzer | am kürzesten |

Lösungsseite

# Verben (Tunwörter)

Schreibe zu jedem Bild das passende Verb.

gackern meckern

schnattern

bellen wiehern

Die Hühner

.................................................. .

Die Pferde

.................................................. .

Die Gänse

.................................................. .

Die Hunde

.................................................. .

Die Ziegen

.................................................. .

Schreibe zu jedem Bild das passende Verb.

gackern meckern

schnattern

bellen wiehern

Die Hühner

gackern .

Die Pferde

wiehern .

Die Gänse

schnattern .

Die Hunde

bellen .

Die Ziegen

meckern .

Lösungsseite

# Verben (Tunwörter)

Weißt du, wie die Verben geschrieben werden?

| | |
|---|---|
| Grundform | malen |
| **ich**-Form | ich male |
| **du**-Form | du |
| **er/sie/es**-Form | er |

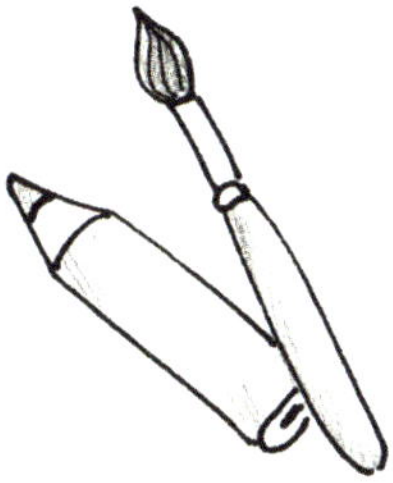

| | |
|---|---|
| Grundform | fliegen |
| **ich**-Form | ich |
| **du**-Form | |
| **er/sie/es**-Form | |

| | |
|---|---|
| Grundform | packen |
| **ich**-Form | |
| **du**-Form | |
| **er/sie/es**-Form | |

# Verben (Tunwörter)

Weiβt du, wie die Verben geschrieben werden?

| Grundform | malen |
|---|---|
| **ich**-Form | ich male |
| **du**-Form | du malst |
| **er/sie/es**-Form | er malt |

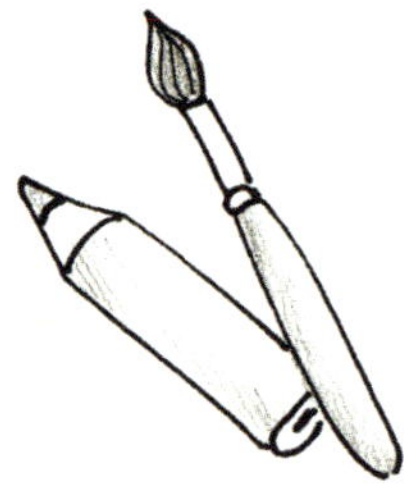

| Grundform | fliegen |
|---|---|
| **ich**-Form | ich fliege |
| **du**-Form | du fliegst |
| **er/sie/es**-Form | sie fliegt |

| Grundform | packen |
|---|---|
| **ich**-Form | ich packe |
| **du**-Form | du packst |
| **er/sie/es**-Form | er packt |

Lösungsseite

Löse das Sudoku mit den Zahlen 1 bis 9.

| | | | | | | | | |
|---|---|---|---|---|---|---|---|---|
| | 9 | 8 | 4 | | 1 | 3 | 2 | 6 |
| 4 | 6 | 3 | | 7 | 9 | 8 | 5 | 1 |
| 2 | | 5 | 8 | | 6 | | 7 | |
| | | 7 | 1 | | | | 6 | 5 |
| 6 | 8 | 1 | 5 | 4 | 7 | | 9 | 3 |
| 5 | 3 | 4 | | | | 1 | 8 | 7 |
| 1 | 4 | | 7 | 2 | 5 | 6 | | 8 |
| 8 | 7 | 6 | 3 | 9 | | 5 | | 2 |
| 3 | 5 | 2 | 6 | 1 | 8 | | 4 | 9 |

# Sudoku

Löse das Sudoku mit den Zahlen 1 bis 9.

| | | | | | | | | |
|---|---|---|---|---|---|---|---|---|
| 7 | 9 | 8 | 4 | 5 | 1 | 3 | 2 | 6 |
| 4 | 6 | 3 | 2 | 7 | 9 | 8 | 5 | 1 |
| 2 | 1 | 5 | 8 | 3 | 6 | 9 | 7 | 4 |
| 9 | 2 | 7 | 1 | 8 | 3 | 4 | 6 | 5 |
| 6 | 8 | 1 | 5 | 4 | 7 | 2 | 9 | 3 |
| 5 | 3 | 4 | 9 | 6 | 2 | 1 | 8 | 7 |
| 1 | 4 | 9 | 7 | 2 | 5 | 6 | 3 | 8 |
| 8 | 7 | 6 | 3 | 9 | 4 | 5 | 1 | 2 |
| 3 | 5 | 2 | 6 | 1 | 8 | 7 | 4 | 9 |

# Verdoppeln

Lege einen Spiegel an die rote Schnur und verdopple alles. Schreibe die passenden Aufgaben.

**verdoppelt**

$2 \cdot 1 = 2$

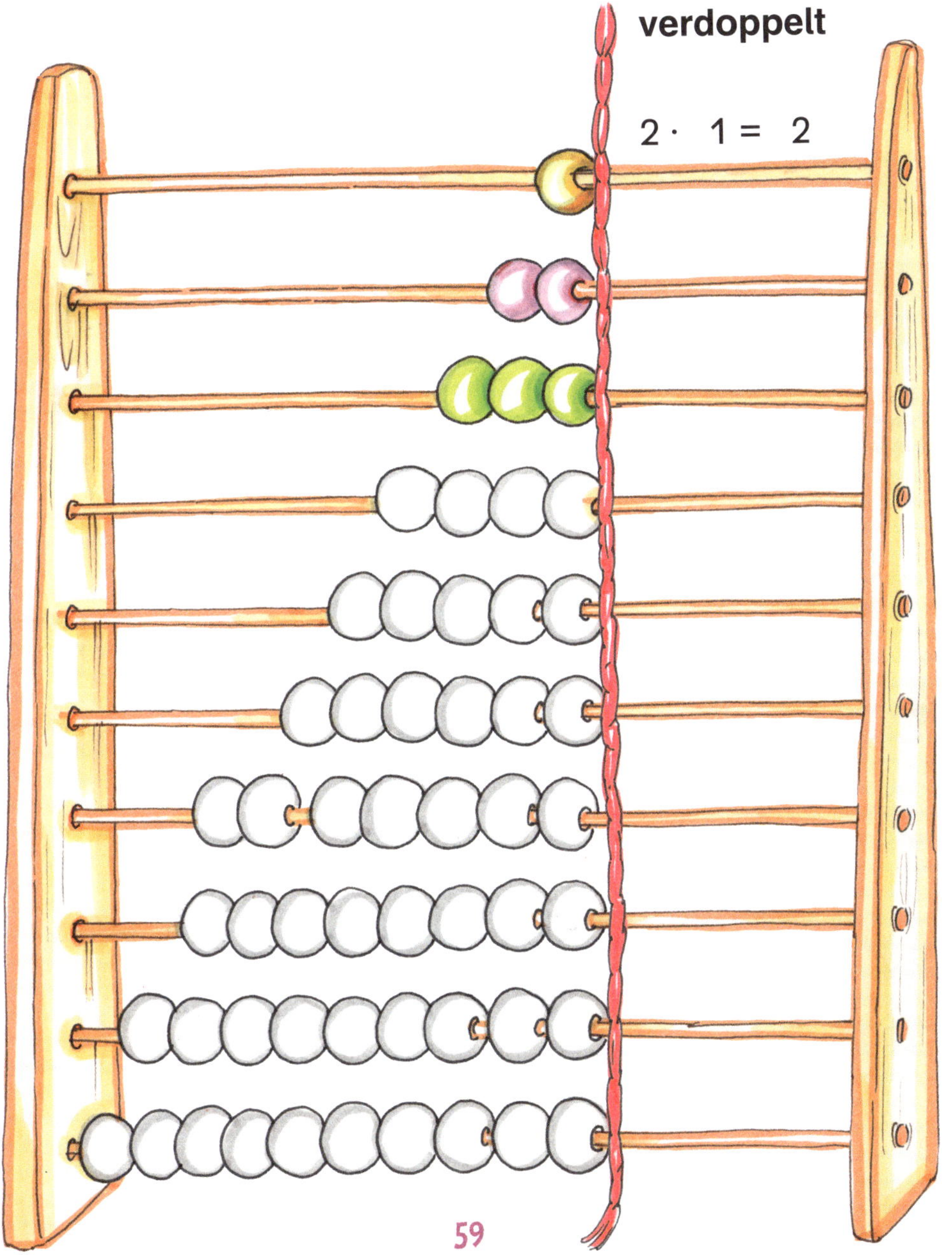

# Verdoppeln

Lege einen Spiegel an die rote Schnur und verdopple alles. Schreibe die passenden Aufgaben.

**verdoppelt**

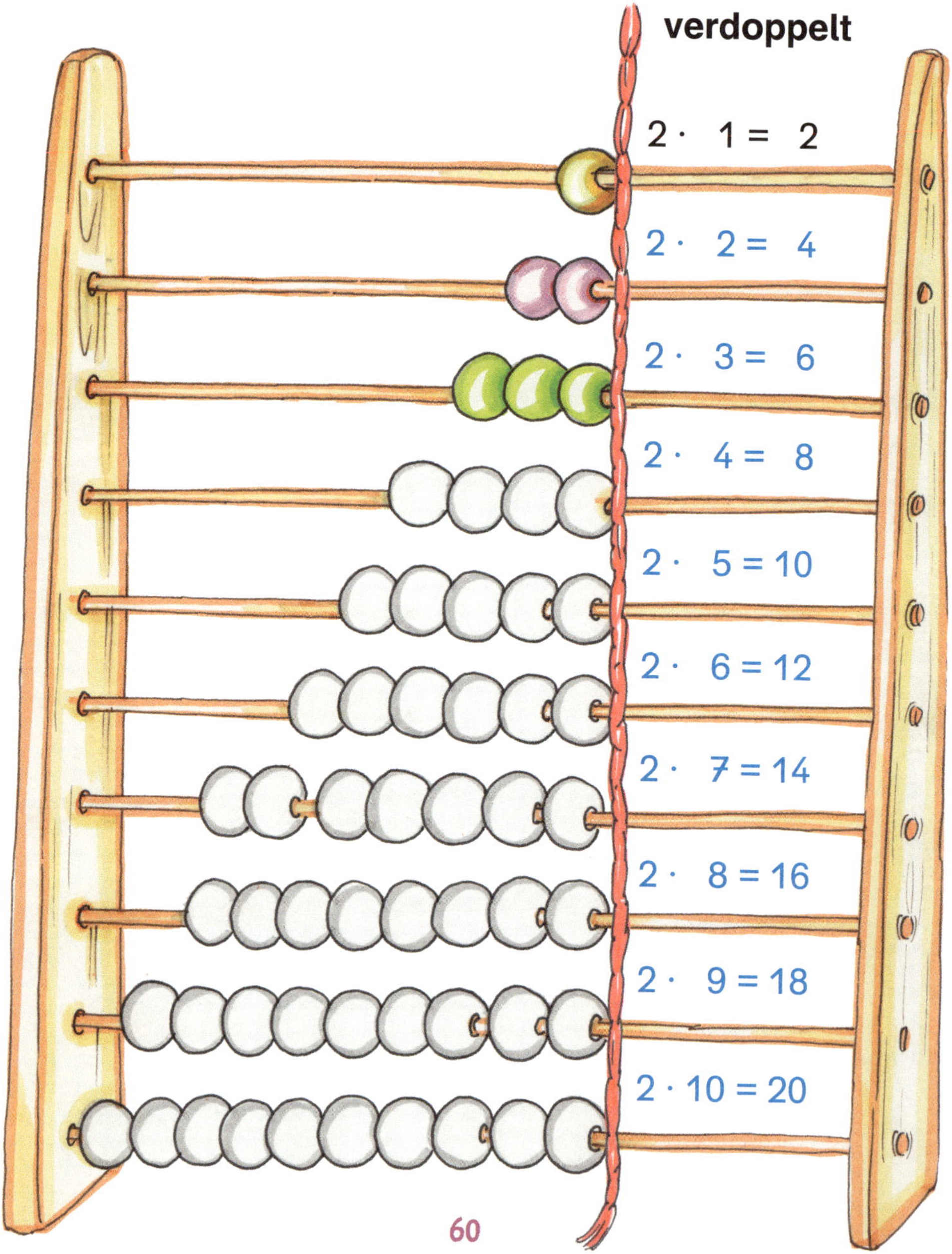


Lösungsseite

# Einmaleins

Rechne alle Aufgaben.

$2 + 2 + 2 = 6$

$3 \cdot 2 = 6$

| | |
|---|---|
| $1 \cdot 2 =$ | $6 \cdot 2 =$ |
| $2 \cdot 2 =$ | $7 \cdot 2 =$ |
| $3 \cdot 2 =$ | $8 \cdot 2 =$ |
| $4 \cdot 2 =$ | $9 \cdot 2 =$ |
| $5 \cdot 2 =$ | $10 \cdot 2 =$ |

Zu jedem Ergebnis gehören zwei Aufgaben.
Verbinde, was zusammenpasst.

| | | |
|---|---|---|
| $2 \cdot 8$ | 80 | $8 \cdot 4$ |
| $10 \cdot 8$ | 32 | $8 \cdot 10$ |
| $8 \cdot 8$ | 16 | $8 \cdot 2$ |
| $4 \cdot 8$ | 64 | $8 \cdot 3$ |
| $3 \cdot 8$ | 24 | $8 \cdot 8$ |
| $6 \cdot 8$ | 48 | $8 \cdot 6$ |

# Einmaleins

Rechne alle Aufgaben.

| | | | | | | |
|---|---|---|---|---|---|---|
| 2 | + | 2 | + | 2 | = | 6 |
| | | 3 | · | 2 | = | 6 |

| | | | | | |
|---|---|---|---|---|---|
| 1 | · | 2 | = | | 2 |
| 2 | · | 2 | = | | 4 |
| 3 | · | 2 | = | | 6 |
| 4 | · | 2 | = | | 8 |
| 5 | · | 2 | = | 1 | 0 |

| | | | | | | |
|---|---|---|---|---|---|---|
| | 6 | · | 2 | = | 1 | 2 |
| | 7 | · | 2 | = | 1 | 4 |
| | 8 | · | 2 | = | 1 | 6 |
| | 9 | · | 2 | = | 1 | 8 |
| 1 | 0 | · | 2 | = | 2 | 0 |

Lösungsseite

Zu jedem Ergebnis gehören zwei Aufgaben.
Verbinde, was zusammenpasst.

| | | |
|---|---|---|
| 2 · 8 | 80 | 8 · 4 |
| 10 · 8 | 32 | 8 · 10 |
| 8 · 8 | 16 | 8 · 2 |
| 4 · 8 | 64 | 8 · 3 |
| 3 · 8 | 24 | 8 · 8 |
| 6 · 8 | 48 | 8 · 6 |

Rechne aus.

| | | | | | |
|---|---|---|---|---|---|
| 1 | · | 3 | = | 3 |
| 2 | · | 3 | = | |
| 3 | · | 3 | = | |
| 4 | · | 3 | = | |
| 5 | · | 3 | = | |
| 6 | · | 3 | = | |
| 7 | · | 3 | = | |
| 8 | · | 3 | = | |
| 9 | · | 3 | = | |
| 10 | · | 3 | = | |

| | | | | |
|---|---|---|---|---|
| 1 | · | 6 | = | 6 |
| 2 | · | 6 | = | |
| 3 | · | 6 | = | |
| 4 | · | 6 | = | |
| 5 | · | 6 | = | |
| 6 | · | 6 | = | |
| 7 | · | 6 | = | |
| 8 | · | 6 | = | |
| 9 | · | 6 | = | |
| 10 | · | 6 | = | |

| | | | | |
|---|---|---|---|---|
| 1 | · | 9 | = | 9 |
| 2 | · | 9 | = | |
| 3 | · | 9 | = | |
| 4 | · | 9 | = | |
| 5 | · | 9 | = | |
| 6 | · | 9 | = | |
| 7 | · | 9 | = | |
| 8 | · | 9 | = | |
| 9 | · | 9 | = | |
| 10 | · | 9 | = | |

Rechne aus.

| | | | | | | |
|---|---|---|---|---|---|---|
| | 1 | · | 3 | = | | 3 |
| | 2 | · | 3 | = | | 6 |
| | 3 | · | 3 | = | | 9 |
| | 4 | · | 3 | = | 1 | 2 |
| | 5 | · | 3 | = | 1 | 5 |
| | 6 | · | 3 | = | 1 | 8 |
| | 7 | · | 3 | = | 2 | 1 |
| | 8 | · | 3 | = | 2 | 4 |
| | 9 | · | 3 | = | 2 | 7 |
| 1 | 0 | · | 3 | = | 3 | 0 |

| | | | | | | |
|---|---|---|---|---|---|---|
| | 1 | · | 6 | = | | 6 |
| | 2 | · | 6 | = | 1 | 2 |
| | 3 | · | 6 | = | 1 | 8 |
| | 4 | · | 6 | = | 2 | 4 |
| | 5 | · | 6 | = | 3 | 0 |
| | 6 | · | 6 | = | 3 | 6 |
| | 7 | · | 6 | = | 4 | 2 |
| | 8 | · | 6 | = | 4 | 8 |
| | 9 | · | 6 | = | 5 | 4 |
| 1 | 0 | · | 6 | = | 6 | 0 |

Lösungsseite

| | | | | | | |
|---|---|---|---|---|---|---|
| | 1 | · | 9 | = | | 9 |
| | 2 | · | 9 | = | 1 | 8 |
| | 3 | · | 9 | = | 2 | 7 |
| | 4 | · | 9 | = | 3 | 6 |
| | 5 | · | 9 | = | 4 | 5 |
| | 6 | · | 9 | = | 5 | 4 |
| | 7 | · | 9 | = | 6 | 3 |
| | 8 | · | 9 | = | 7 | 2 |
| | 9 | · | 9 | = | 8 | 1 |
| 1 | 0 | · | 9 | = | 9 | 0 |

Rechne alle Aufgaben.

| | | | | | | | | | |
|---|---|---|---|---|---|---|---|---|---|
| 7 | + | 7 | + | 7 | + | 7 | = | 2 | 8 |
| | | | | 4 | · | 7 | = | 2 | 8 |

| | | | | |
|---|---|---|---|---|
| 7 | · | | 1 | = |
| 7 | · | | 2 | = |
| 7 | · | | 3 | = |
| 7 | · | | 4 | = |
| 7 | · | | 5 | = |
| 7 | · | | 6 | = |
| 7 | · | | 7 | = |
| 7 | · | | 8 | = |
| 7 | · | | 9 | = |
| 7 | · | 1 | 0 | = |

| | | | | |
|---|---|---|---|---|
| | 1 | · | 7 | = |
| | 2 | · | 7 | = |
| | 3 | · | 7 | = |
| | 4 | · | 7 | = |
| | 5 | · | 7 | = |
| | 6 | · | 7 | = |
| | 7 | · | 7 | = |
| | 8 | · | 7 | = |
| | 9 | · | 7 | = |
| 1 | 0 | · | 7 | = |

# Einmaleins

Rechne alle Aufgaben.

| | | | | | | | | | |
|---|---|---|---|---|---|---|---|---|---|
| 7 | + | 7 | + | 7 | + | 7 | = | 2 | 8 |
| | | | | 4 | · | 7 | = | 2 | 8 |

| | | | | | | |
|---|---|---|---|---|---|---|
| 7 | · | | 1 | = | | 7 |
| 7 | · | | 2 | = | 1 | 4 |
| 7 | · | | 3 | = | 2 | 1 |
| 7 | · | | 4 | = | 2 | 8 |
| 7 | · | | 5 | = | 3 | 5 |
| 7 | · | | 6 | = | 4 | 2 |
| 7 | · | | 7 | = | 4 | 9 |
| 7 | · | | 8 | = | 5 | 6 |
| 7 | · | | 9 | = | 6 | 3 |
| 7 | · | 1 | 0 | = | 7 | 0 |

| | | | | | | |
|---|---|---|---|---|---|---|
| | 1 | · | 7 | = | | 7 |
| | 2 | · | 7 | = | 1 | 4 |
| | 3 | · | 7 | = | 2 | 1 |
| | 4 | · | 7 | = | 2 | 8 |
| | 5 | · | 7 | = | 3 | 5 |
| | 6 | · | 7 | = | 4 | 2 |
| | 7 | · | 7 | = | 4 | 9 |
| | 8 | · | 7 | = | 5 | 6 |
| | 9 | · | 7 | = | 6 | 3 |
| 1 | 0 | · | 7 | = | 7 | 0 |

Lösungsseite

Zu jedem Ergebnis passen zwei Aufgaben.
Verbinde, was zusammengehört.

Zu jedem Ergebnis passen zwei Aufgaben.
Verbinde, was zusammengehört.

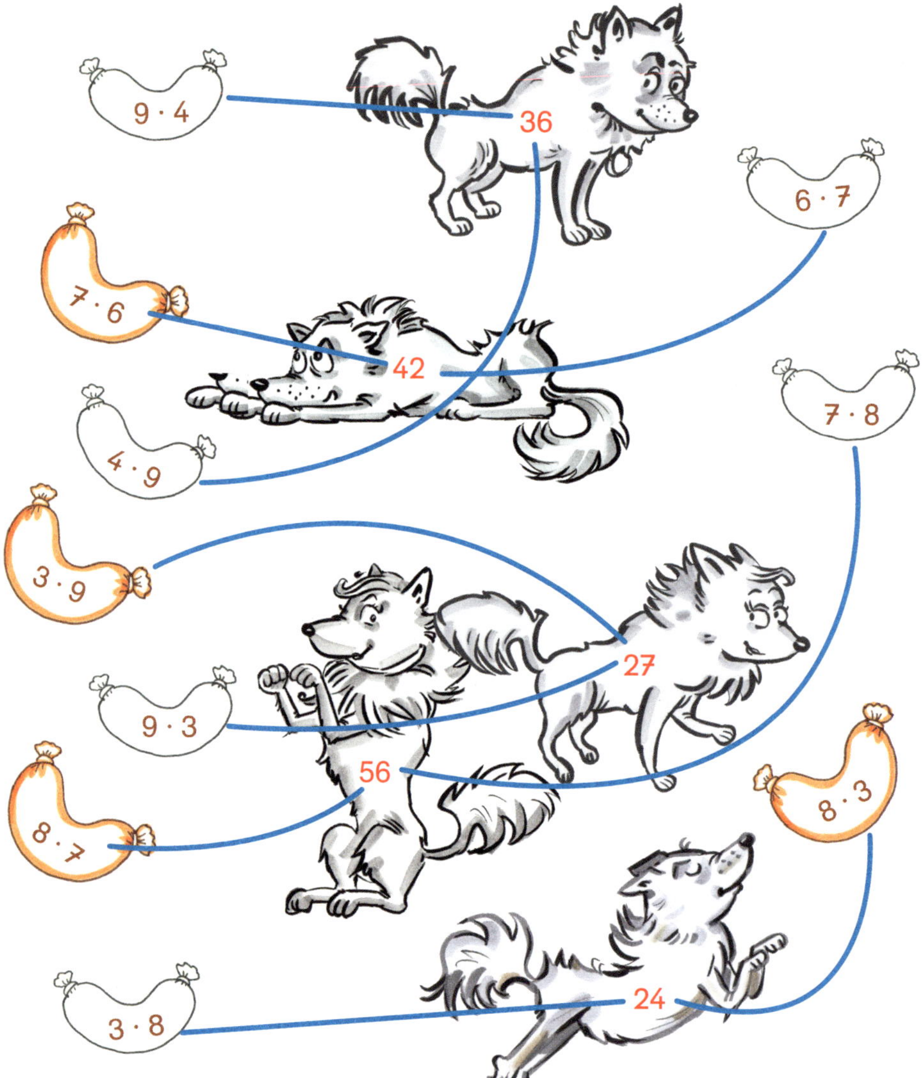


Lösungsseite

# Einmaleins

Löse die Aufgaben.

| | | | | |
|---|---|---|---|---|
| 5 | · | 2 | = | |
| 3 | · | 2 | = | |
| 7 | · | 2 | = | |
| 9 | · | 2 | = | |

| | | | | |
|---|---|---|---|---|
| 6 | · | 4 | = | |
| 8 | · | 4 | = | |
| 3 | · | 4 | = | |
| 7 | · | 4 | = | |

Schreibe die Zahlen der 8er-Reihe.

8, ___, ___, ___, ___,

___, ___, ___, ___, 80

Schreibe die Zahlen der 5er-Reihe.

5, ___, ___, ___, ___,

___, ___, ___, ___, 50

# Einmaleins

Löse die Aufgaben.

| | | | | | |
|---|---|---|---|---|---|
| 5 | · | 2 | = | 1 | 0 |
| 3 | · | 2 | = | | 6 |
| 7 | · | 2 | = | 1 | 4 |
| 9 | · | 2 | = | 1 | 8 |

| | | | | | |
|---|---|---|---|---|---|
| 6 | · | 4 | = | 2 | 4 |
| 8 | · | 4 | = | 3 | 2 |
| 3 | · | 4 | = | 1 | 2 |
| 7 | · | 4 | = | 2 | 8 |

Lösungsseite

Schreibe die Zahlen der 8er-Reihe.

8, 16, 24, 32, 40,
48, 56, 64, 72, 80

Schreibe die Zahlen der 5er-Reihe.

5, 10, 15, 20, 25,
30, 35, 40, 45, 50

# Das ganze Einmaleins

**1**

1 · 1 = 1
2 · 1 = 2
3 · 1 = 3
4 · 1 = 4
5 · 1 = 5
6 · 1 = 6
7 · 1 = 7
8 · 1 = 8
9 · 1 = 9
10 · 1 = 10

**2**

1 · 2 = 2
2 · 2 = 4
3 · 2 = 6
4 · 2 = 8
5 · 2 = 10
6 · 2 = 12
7 · 2 = 14
8 · 2 = 16
9 · 2 = 18
10 · 2 = 20

**3**

1 · 3 = 3
2 · 3 = 6
3 · 3 = 9
4 · 3 = 12
5 · 3 = 15
6 · 3 = 18
7 · 3 = 21
8 · 3 = 24
9 · 3 = 27
10 · 3 = 30

**4**

1 · 4 = 4
2 · 4 = 8
3 · 4 = 12
4 · 4 = 16
5 · 4 = 20
6 · 4 = 24
7 · 4 = 28
8 · 4 = 32
9 · 4 = 36
10 · 4 = 40

**5**

1 · 5 = 5
2 · 5 = 10
3 · 5 = 15
4 · 5 = 20
5 · 5 = 25
6 · 5 = 30
7 · 5 = 35
8 · 5 = 40
9 · 5 = 45
10 · 5 = 50

**6**

1 · 6 = 6
2 · 6 = 12
3 · 6 = 18
4 · 6 = 24
5 · 6 = 30
6 · 6 = 36
7 · 6 = 42
8 · 6 = 48
9 · 6 = 54
10 · 6 = 60

**7**

1 · 7 = 7
2 · 7 = 14
3 · 7 = 21
4 · 7 = 28
5 · 7 = 35
6 · 7 = 42
7 · 7 = 49
8 · 7 = 56
9 · 7 = 63
10 · 7 = 70

**8**

1 · 8 = 8
2 · 8 = 16
3 · 8 = 24
4 · 8 = 32
5 · 8 = 40
6 · 8 = 48
7 · 8 = 56
8 · 8 = 64
9 · 8 = 72
10 · 8 = 80

**9**

1 · 9 = 9
2 · 9 = 18
3 · 9 = 27
4 · 9 = 36
5 · 9 = 45
6 · 9 = 54
7 · 9 = 63
8 · 9 = 72
9 · 9 = 81
10 · 9 = 90

**10**

1 · 10 = 10
2 · 10 = 20
3 · 10 = 30
4 · 10 = 40
5 · 10 = 50
6 · 10 = 60
7 · 10 = 70
8 · 10 = 80
9 · 10 = 90
10 · 10 = 100

An welcher Schnur muss Linus ziehen? Er möchte den bunten Fisch haben.

# Für Adleraugen

An welcher Schnur muss Linus ziehen? Er möchte den bunten Fisch haben.

Lösungsseite

# Satzanfänge

Unterstreiche alle Satzanfänge und schreibe die Geschichte richtig ab.

unser Hund Bello ist verschwunden. wir suchen ihn im ganzen Haus und im Garten. er ist nicht da. am Abend geht Papa zu unseren Nachbarn. da staunt er aber. unser Hund liegt dort vor der Hundehütte. morgen baut Papa eine Hundehütte für Bello.

Unser

# Satzanfänge

Lösungsseite

Unterstreiche alle Satzanfänge und schreibe die Geschichte richtig ab.

unser Hund Bello ist verschwunden. wir suchen ihn im ganzen Haus und im Garten. er ist nicht da. am Abend geht Papa zu unseren Nachbarn. da staunt er aber. unser Hund liegt dort vor der Hundehütte. morgen baut Papa eine Hundehütte für Bello.

Unser Hund Bello ist verschwunden.
Wir suchen ihn im ganzen Haus und im Garten.
Er ist nicht da. Am Abend geht Papa
zu unseren Nachbarn. Da staunt er
aber. Unser Hund liegt dort vor der
Hundehütte. Morgen baut Papa
eine Hundehütte für Bello.

# Aus a wird ä

Ergänze den Plural (Mehrzahl). Unterstreiche **a** und **ä**.

| | **Singular** | | **Plural** |
|---|---|---|---|
| 1. | ein | Ball | viele Bälle |
| 2. | eine | Hand | viele |
| 3. | ein | Rad | |
| 4. | ein | Land | |
| 5. | ein | Satz | |
| 6. | ein | Kamm | |
| 7. | eine | Wand | |
| 8. | ein | Mann | |
| 9. | ein | Blatt | |
| 10. | eine | Gans | |

# Aus a wird ä

Ergänze den Plural (Mehrzahl). Unterstreiche **a** und **ä**.

| | Singular | Plural |
|---|---|---|
| 1. | ein Ball | viele Bälle |
| 2. | eine Hand | viele Hände |
| 3. | ein Rad | viele Räder |
| 4. | ein Land | viele Länder |
| 5. | ein Satz | viele Sätze |
| 6. | ein Kamm | viele Kämme |
| 7. | eine Wand | viele Wände |
| 8. | ein Mann | viele Männer |
| 9. | ein Blatt | viele Blätter |
| 10. | eine Gans | viele Gänse |

Lösungsseite

# Aus au wird äu

Was gehört zusammen? Ergänze.

| | | | | |
|---|---|---|---|---|
| 1 | Haus | 3 | Mäuse | Mäuse |
| 2 | Baum | | Zäune | |
| 3 | Maus | 1 | Häuser | |
| 4 | Sau | | Bäume | |
| 5 | Strauß | | Fäuste | |
| 6 | Zaun | | Läuse | |
| 7 | Faust | | Säue | |
| 8 | Kraut | | Kräuter | |
| 9 | Laus | | Sträuße | |
| 10 | Bauch | | Sträucher | |
| 11 | Strauch | | Träume | |
| 12 | Traum | | Bäuche | |

# Aus au wird äu

Was gehört zusammen? Ergänze.

| Nr. | Wort | Lösung | Mehrzahl | Ergänzung |
|---|---|---|---|---|
| 1 | Haus | 3 | Mäuse | Mäuse |
| 2 | Baum | 6 | Zäune | Zäune |
| 3 | Maus | 1 | Häuser | Häuser |
| 4 | Sau | 2 | Bäume | Bäume |
| 5 | Strauß | 7 | Fäuste | Fäuste |
| 6 | Zaun | 9 | Läuse | Läuse |
| 7 | Faust | 4 | Säue | Säue |
| 8 | Kraut | 8 | Kräuter | Kräuter |
| 9 | Laus | 5 | Sträuße | Sträuße |
| 10 | Bauch | 11 | Sträucher | Sträucher |
| 11 | Strauch | 12 | Träume | Träume |
| 12 | Traum | 10 | Bäuche | Bäuche |

# Wörter mit Eu, eu

Schreibe zu jedem Wort das passende Bild. Unterstreiche **Eu** und **eu**.

Beute
Feuer
Heu
Zeugnis
Beule
Kreuz
Scheune
Teufel
Eule
Leute

Leute

# Wörter mit Eu, eu

Lösungsseite

Schreibe zu jedem Wort das passende Bild. Unterstreiche **Eu** und **eu**.

| | |
|---|---|
| Beute | Leute |
| Feuer | Heu |
| Heu | Beule |
| Zeugnis | Feuer |
| Beule | Kreuz |
| Kreuz | Teufel |
| Scheune | Eule |
| Teufel | Beute |
| Eule | Scheune |
| Leute | Zeugnis |

# Vokale (Selbstlaute)

Welche Vokale fehlen?
Trage sie ein und schreibe die Wörter auf.

W ___ l
H ___ ft
T ___ rm
Sch ___ rm
Kl ___ cks

Br ___ t
B ___ nk
W ___ rst
K ___ rb
F ___ ß

a Wal, ______________________
e ______________________
i ______________________
o ______________________
u ______________________

**a, e, i, o, u**
sind Vokale. Vokale
sind in jedem Wort
enthalten.

Welche Vokale fehlen?
Trage sie ein und schreibe die Wörter auf.

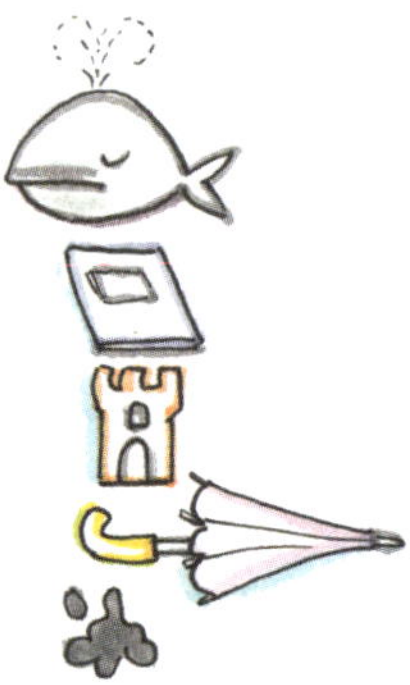

W a l
H e ft
T u rm
Sch i rm
Kl e cks

Br o t
B a nk
W u rst
K o rb
F u ß

Lösungsseite

| | |
|---|---|
| a | Wal, Bank |
| e | Heft, Klecks |
| i | Schirm |
| o | Brot, Korb |
| u | Turm, Wurst, Fuß |

**a, e, i, o, u**
sind Vokale. Vokale
sind in jedem Wort
enthalten.

# Vokale (Selbstlaute)

Verändere in jedem Nomen den ersten Vokal.
Schreibe das neue Nomen auf.

| | | |
|---|---|---|
| a<br>H~~o~~se |  | der Hase |
| o<br>Mund |  | |
| a<br>Tonne |  | |
| a<br>Nudel | 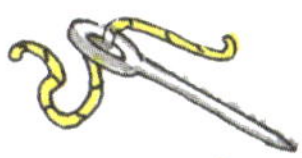 | |
| u<br>Hand |  | |
| o<br>Welle |  | |
| u<br>Bach |  | |
| e<br>Gold |  | |
| a<br>Schule |  | |

# Vokale (Selbstlaute)

Verändere in jedem Nomen den ersten Vokal.
Schreibe das neue Nomen auf.

| | | |
|---|---|---|
| H~~o~~se (a) |  | der Hase |
| M~~u~~nd (o) |  | der Mond |
| T~~o~~nne (a) |  | die Tanne |
| N~~u~~del (a) |  | die Nadel |
| H~~a~~nd (u) |  | der Hund |
| W~~e~~lle (o) |  | die Wolle |
| B~~a~~ch (u) |  | das Buch |
| G~~o~~ld (e) |  | das Geld |
| Sch~~u~~le (a) |  | die Schale |

Lösungsseite

# Zahlen verbinden

Verbinde die Zahlen von 1 bis 44.

Verbinde die Zahlen von 1 bis 44.

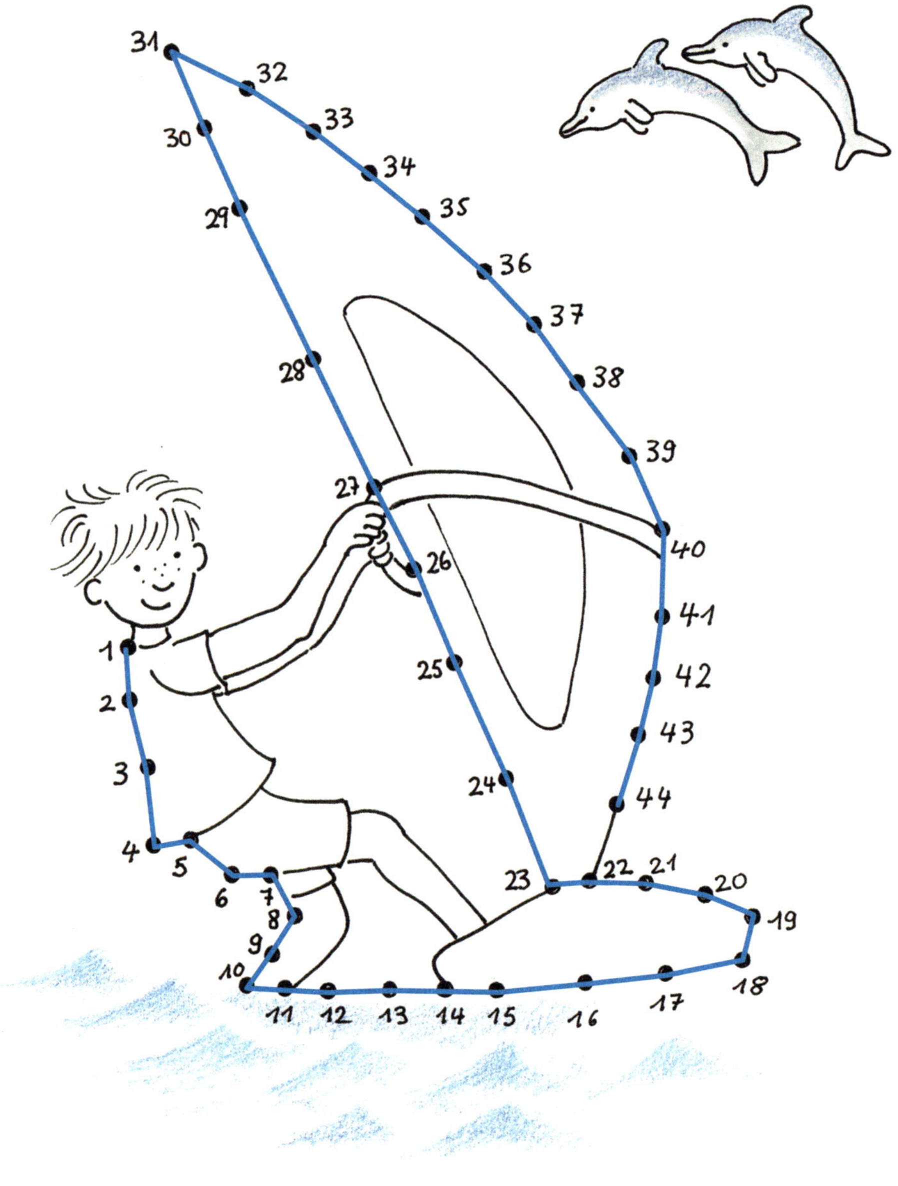


Lösungsseite

# Dividieren

Teile die Mengen auf und rechne die Geteiltaufgaben.

# Dividieren

Lösungsseite

Teile die Mengen auf und rechne die Geteiltaufgaben.

16 : 4 = 4

12 : 2 = 6

21 : 3 = 7

16 : 2 = 8

20 : 5 = 4

# Dividieren mit Probe

Suche zu jeder Geteiltaufgabe die Probeaufgabe.

**Geteiltaufgabe**

| | | | | | |
|---|---|---|---|---|---|
| 4 | 9 | : | 7 | = | 7 |
| 5 | 6 | : | 8 | = | |
| 3 | 6 | : | 4 | = | |
| 5 | 4 | : | 9 | = | |
| 2 | 7 | : | 3 | = | |
| 8 | 1 | : | 9 | = | |
| 3 | 2 | : | 8 | = | |
| 2 | 4 | : | 3 | = | |
| 4 | 5 | : | 5 | = | |

**Probeaufgabe**

| | | | | | |
|---|---|---|---|---|---|
| 7 | · | 7 | = | 4 | 9 |
| 7 | · | 8 | = | | |
| 9 | · | | = | | |
| | | | | | |
| | | | | | |
| | | | | | |
| | | | | | |
| | | | | | |
| | | | | | |

# Dividieren mit Probe

Suche zu jeder Geteiltaufgabe die Probeaufgabe.

**Geteiltaufgabe**

| | | | | | |
|---|---|---|---|---|---|
| 4 | 9 | : | 7 | = | 7 |
| 5 | 6 | : | 8 | = | 7 |
| 3 | 6 | : | 4 | = | 9 |
| 5 | 4 | : | 9 | = | 6 |
| 2 | 7 | : | 3 | = | 9 |
| 8 | 1 | : | 9 | = | 9 |
| 3 | 2 | : | 8 | = | 4 |
| 2 | 4 | : | 3 | = | 8 |
| 4 | 5 | : | 5 | = | 9 |

**Probeaufgabe**

| | | | | | |
|---|---|---|---|---|---|
| 7 | · | 7 | = | 4 | 9 |
| 7 | · | 8 | = | 5 | 6 |
| 9 | · | 4 | = | 3 | 6 |
| 6 | · | 9 | = | 5 | 4 |
| 9 | · | 3 | = | 2 | 7 |
| 9 | · | 9 | = | 8 | 1 |
| 4 | · | 8 | = | 3 | 2 |
| 8 | · | 3 | = | 2 | 4 |
| 9 | · | 5 | = | 4 | 5 |

Lösungsseite

# Dividieren mit Probe

Zu jeder Geteiltaufgabe gehört eine Malaufgabe. Male die passenden Hunde in der gleichen Farbe an und rechne.

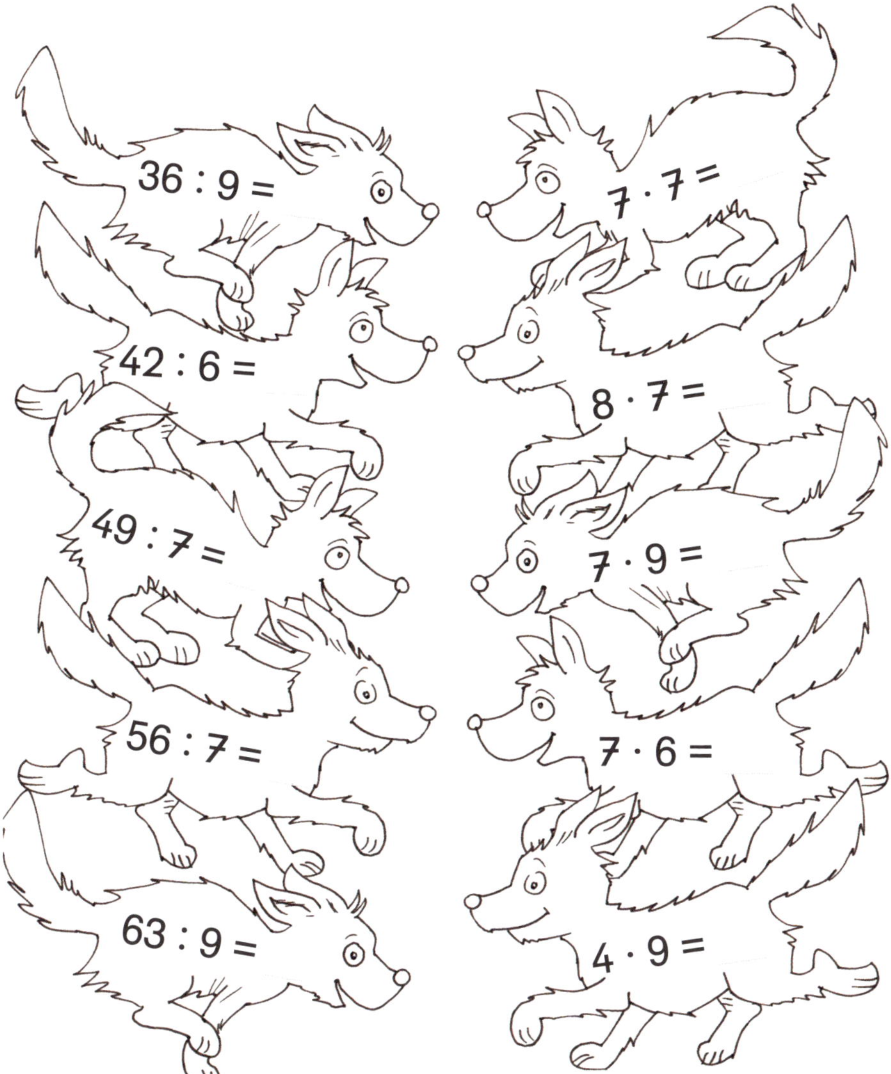

# Dividieren mit Probe

Zu jeder Geteiltaufgabe gehört eine Malaufgabe. Male die passenden Hunde in der gleichen Farbe an und rechne.

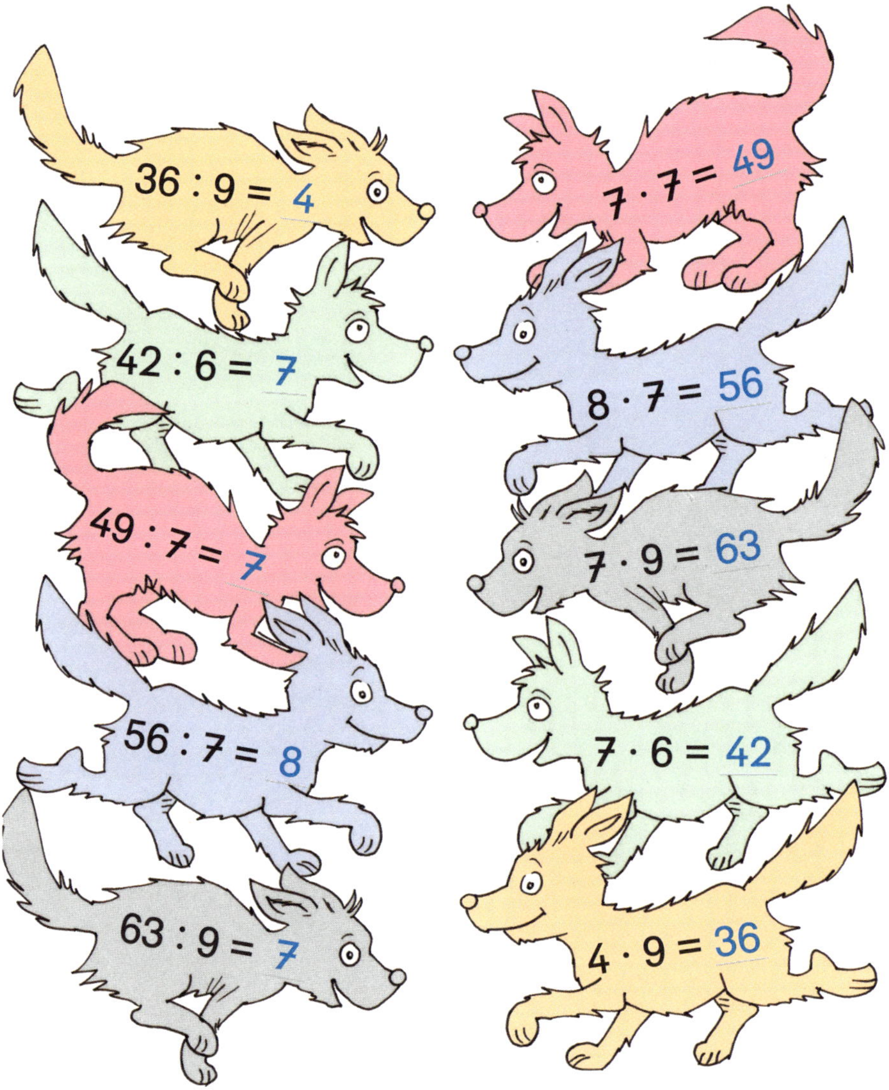


Lösungsseite

# Dividieren mit Rest

Linus will alles gerecht auf 3 Kinder verteilen.
Rechne die Aufgaben.

14 : 3 = Rest

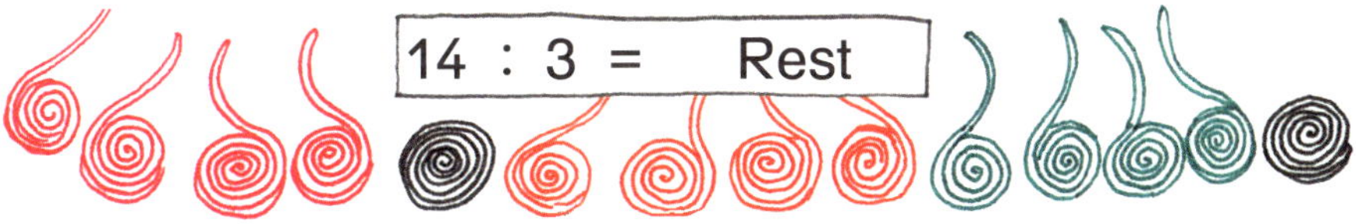

17 : 3 = Rest

11 : 3 = Rest

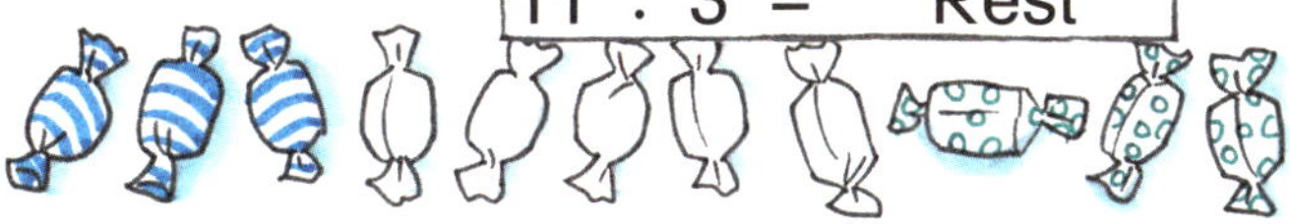

15 : 3 = Rest

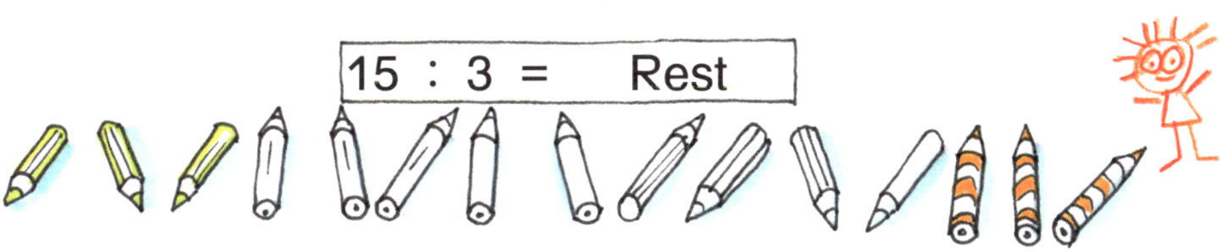

7 : 3 = Rest

# Dividieren mit Rest

Linus will alles gerecht auf 3 Kinder verteilen.
Rechne die Aufgaben.

14 : 3 = 4 Rest 2

17 : 3 = 5 Rest 2

11 : 3 = 3 Rest 2

15 : 3 = 5 Rest 0

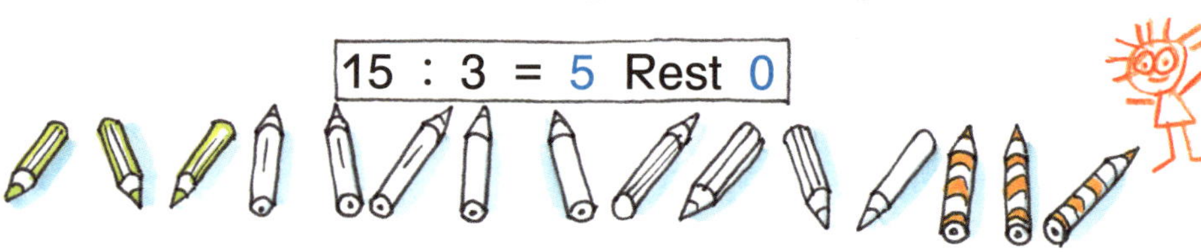

7 : 3 = 2 Rest 1

Lösungsseite

# Dividieren mit Rest

Löse die Aufgaben. Ergänze die passende Probeaufgabe.

| Geteiltaufgabe | Probeaufgabe |
|---|---|
| 26 : 7 = 3 R 5 | 3 · 7 + 5 = 26 |
| 14 : 5 = R | · 5 + = |
| 23 : 4 = R | |
| 11 : 8 = R | |
| 7 : 2 = R | |
| 16 : 3 = R | |
| 19 : 3 = R | |
| 26 : 8 = R | |
| 17 : 5 = R | |
| 43 : 6 = R | |
| 84 : 9 = R | |

# Dividieren mit Rest

Löse die Aufgaben. Ergänze die passende Probeaufgabe.

**Geteiltaufgabe**

| | | | | | | | |
|---|---|---|---|---|---|---|---|
| 2 | 6 | : | 7 | = | 3 | R | 5 |
| 1 | 4 | : | 5 | = | 2 | R | 4 |
| 2 | 3 | : | 4 | = | 5 | R | 3 |
| 1 | 1 | : | 8 | = | 1 | R | 3 |
| | 7 | : | 2 | = | 3 | R | 1 |
| 1 | 6 | : | 3 | = | 5 | R | 1 |
| 1 | 9 | : | 3 | = | 6 | R | 1 |
| 2 | 6 | : | 8 | = | 3 | R | 2 |
| 1 | 7 | : | 5 | = | 3 | R | 2 |
| 4 | 3 | : | 6 | = | 7 | R | 1 |
| 8 | 4 | : | 9 | = | 9 | R | 3 |

**Probeaufgabe**

| | | | | | | | |
|---|---|---|---|---|---|---|---|
| 3 | · | 7 | + | 5 | = | 2 | 6 |
| 2 | · | 5 | + | 4 | = | 1 | 4 |
| 5 | · | 4 | + | 3 | = | 2 | 3 |
| 1 | · | 8 | + | 3 | = | 1 | 1 |
| 3 | · | 2 | + | 1 | = | | 7 |
| 5 | · | 3 | + | 1 | = | 1 | 6 |
| 6 | · | 3 | + | 1 | = | 1 | 9 |
| 3 | · | 8 | + | 2 | = | 2 | 6 |
| 3 | · | 5 | + | 2 | = | 1 | 7 |
| 7 | · | 6 | + | 1 | = | 4 | 3 |
| 9 | · | 9 | + | 3 | = | 8 | 4 |

Lösungsseite

Bei der Probeaufgabe rechnest du zuerst die Malaufgabe und addierst dann den Rest.

# Zahlenfolgen

Finde die Rechenregel. Schreibe sie auf und ergänze die fehlenden Zahlen.

+3

| | | | | | | | | |
|---|---|---|---|---|---|---|---|---|
| 1 | 4 | 7 | 10 | 13 | | | | |

| | | | | | | | | |
|---|---|---|---|---|---|---|---|---|
| 68 | 64 | 60 | | | | | | |

| | | | | | | | | |
|---|---|---|---|---|---|---|---|---|
| 1 | 2 | 4 | 8 | | | | | |

| | | | | | | | | |
|---|---|---|---|---|---|---|---|---|
| 99 | 88 | 77 | | | | | | |

| | | | | | | | | |
|---|---|---|---|---|---|---|---|---|
| 92 | 82 | 81 | 71 | 70 | | | | |

| | | | | | | | | |
|---|---|---|---|---|---|---|---|---|
| 17 | 15 | 25 | 23 | 33 | | | | |

# Zahlenfolgen

Finde die Rechenregel. Schreibe sie auf und ergänze die fehlenden Zahlen.

+3

| | | | | | | | | |
|---|---|---|---|---|---|---|---|---|
| 1 | 4 | 7 | 10 | 13 | 16 | 19 | 22 | 25 |

–4

| | | | | | | | | |
|---|---|---|---|---|---|---|---|---|
| 68 | 64 | 60 | 56 | 52 | 48 | 44 | 40 | 36 |

·2

| | | | | | | | | |
|---|---|---|---|---|---|---|---|---|
| 1 | 2 | 4 | 8 | 16 | 32 | 64 | 128 | 256 |

–11

| | | | | | | | | |
|---|---|---|---|---|---|---|---|---|
| 99 | 88 | 77 | 66 | 55 | 44 | 33 | 22 | 11 |

–10 –1

| | | | | | | | | |
|---|---|---|---|---|---|---|---|---|
| 92 | 82 | 81 | 71 | 70 | 60 | 59 | 49 | 48 |

–2 +10

| | | | | | | | | |
|---|---|---|---|---|---|---|---|---|
| 17 | 15 | 25 | 23 | 33 | 31 | 41 | 39 | 49 |

Lösungsseite

# Unterschiede finden

Vergleiche die Bilder und finde die Unterschiede.

# Unterschiede finden

Vergleiche die Bilder und finde die Unterschiede.

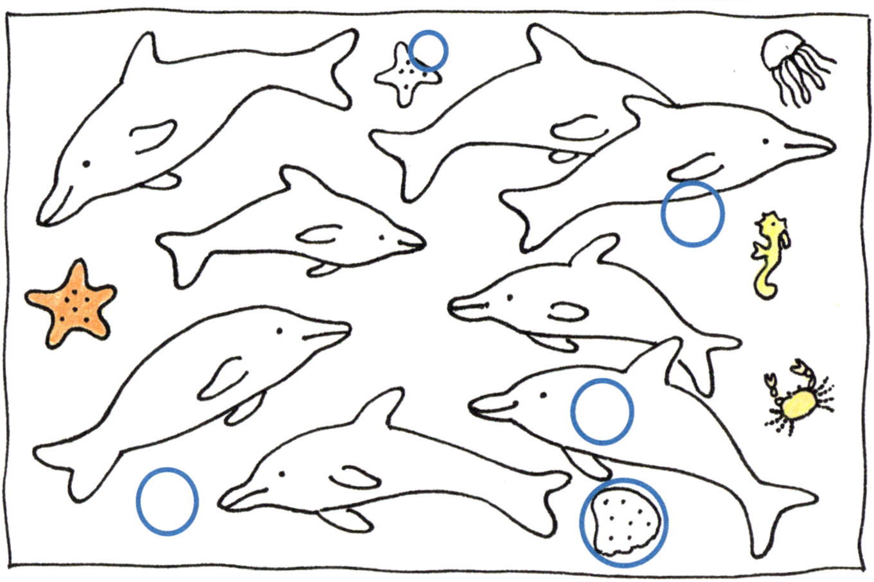

Lösungsseite

# Lange und kurze Vokale

Sprich die Wörter. Höre genau hin. Klebe die Sticker auf.

**lange Selbstlaute**

**kurze Selbstlaute**

# Lange und kurze Vokale

Sprich die Wörter. Höre genau hin. Klebe die Sticker auf.

Lösungsseite

**lange Selbstlaute**

**kurze Selbstlaute**

Schreibe die Nomen im Singular und im Plural auf.

| **Singular (Einzahl)** | **Plural (Mehrzahl)** |
| --- | --- |
| die Katze | die Katzen |

# Wörter mit tz

Schreibe die Nomen im Singular und im Plural auf.

| **Singular (Einzahl)** | **Plural (Mehrzahl)** |
|---|---|
| die Katze | die Katzen |
| die Pfütze | die Pfützen |
| die Glatze | die Glatzen |
| die Mütze | die Mützen |
| die Tatze | die Tatzen |
| der Blitz | die Blitze |
| der Witz | die Witze |
| der Schatz | die Schätze |

Lösungsseite

# Doppelte Konsonanten

Verbinde immer zwei Silben und schreibe die Wörter auf.
Unterstreiche den doppelten Konsonanten.

| | |
|---|---|
| Son | fer |
| Bril | pe |
| Pfar | ne |
| Kof | le |
| Bag | mer |
| Pup | ten |
| Tan | rer |
| Schlit | ne |
| Ham | ger |

Sonne

Nach einem kurzen Vokal (Selbstlaut) wird der Konsonant (Mitlaut) oft verdoppelt.

# Doppelte Konsonanten

Verbinde immer zwei Silben und schreibe die Wörter auf.
Unterstreiche den doppelten Konsonanten.

| | | |
|---|---|---|
| Son | fer | Koffer |
| Bril | pe | Puppe |
| Pfar | ne | Sonne |
| Kof | le | Brille |
| Bag | mer | Hammer |
| Pup | ten | Schlitten |
| Tan | rer | Pfarrer |
| Schlit | ne | Tanne |
| Ham | ger | Bagger |

Lösungsseite

Nach einem kurzen Vokal (Selbstlaut) wird der Konsonant (Mitlaut) oft verdoppelt.

# Wörter mit ck

Welche Wörter reimen sich? Male die Kärtchen in der gleichen Farbe an. Unterstreiche **ck**.

| | | | |
|---|---|---|---|
| Backe | Jacke | Socken | trocken |
| Brücke | Stöcke | Röcke | Decke |
| Lücke | Strecke | Ecke | Schnecke |
| | | bücken | Glocke |
| | | Flocke | drücken |

# Wörter mit ck

Welche Wörter reimen sich? Male die Kärtchen in der gleichen Farbe an. Unterstreiche **ck**.

Backe | Jacke | Socken | trocken

Brücke | Stöcke | Röcke | Decke

Lücke | Strecke | Ecke | Schnecke

bücken | Glocke

Flocke | drücken

Lösungsseite

# d am Wortende

Ergänze die fehlende Form. Unterstreiche im Singular das **d** am Wortende.

| **Singular (Einzahl)** | **Plural (Mehrzahl)** |
| --- | --- |
| das Land | die Länder |
| das Kind | die |
| | die Hemden |
| das Schild | |
| | die Bilder |
| | die Kleider |
| | die Bänder |
| die Wand | |
| | die Wälder |
| | die Hände |

# d am Wortende

Ergänze die fehlende Form. Unterstreiche im Singular das **d** am Wortende.

| **Singular (Einzahl)** | **Plural (Mehrzahl)** |
| --- | --- |
| das Land | die Länder |
| das Kind | die Kinder |
| das Hemd | die Hemden |
| das Schild | die Schilder |
| das Bild | die Bilder |
| das Kleid | die Kleider |
| das Band | die Bänder |
| die Wand | die Wände |
| der Wald | die Wälder |
| die Hand | die Hände |

Lösungsseite

# -ig am Wortende

Unterstreiche alle Adjektive und schreibe sie auf.

die <u>saftige</u> Birne

saftig

das billige Hemd

die ruhige Nacht

der bissige Hund

die schmutzige Hose

die richtige Lösung

die wichtige Nachricht

das lustige Buch

# -ig am Wortende

Unterstreiche alle Adjektive und schreibe sie auf.

die saftige Birne

saftig

das billige Hemd

billig

die ruhige Nacht

ruhig

der bissige Hund

bissig

die schmutzige Hose

schmutzig

die richtige Lösung

richtig

die wichtige Nachricht

wichtig

das lustige Buch

lustig

Findest du heraus, welche Zahlen fehlen?
Trage sie ein.

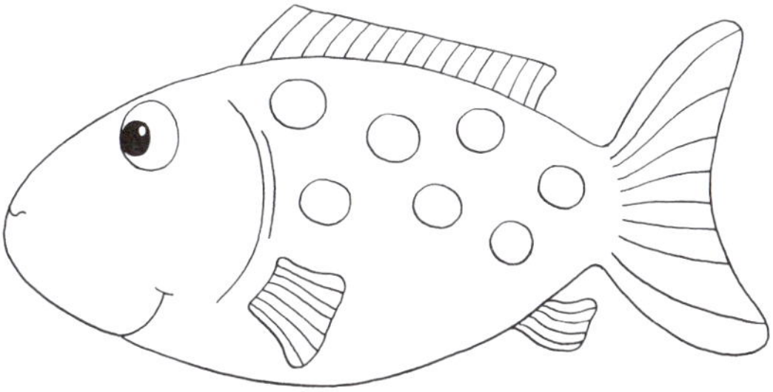

| | | | | | |
|---|---|---|---|---|---|
| 5 | 4 | | 6 | | 2 |
| 6 | | 3 | 5 | 1 | 4 |
| 3 | 6 | 4 | | 5 | 1 |
| | 5 | 2 | 4 | | 3 |
| | 1 | 5 | | 4 | |
| 4 | | 6 | | 2 | 5 |

# Zahlen-Sudoku

Findest du heraus, welche Zahlen fehlen?
Trage sie ein.

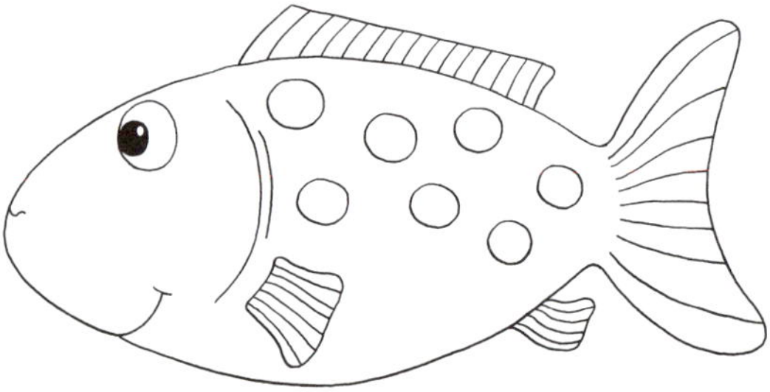

| | | | | | |
|---|---|---|---|---|---|
| 5 | 4 | 1 | 6 | 3 | 2 |
| 6 | 2 | 3 | 5 | 1 | 4 |
| 3 | 6 | 4 | 2 | 5 | 1 |
| 1 | 5 | 2 | 4 | 6 | 3 |
| 2 | 1 | 5 | 3 | 4 | 6 |
| 4 | 3 | 6 | 1 | 2 | 5 |

Lösungsseite

# Zeitspannen eintragen

Färbe die vergangenen Minuten grün ein.

5 Minuten

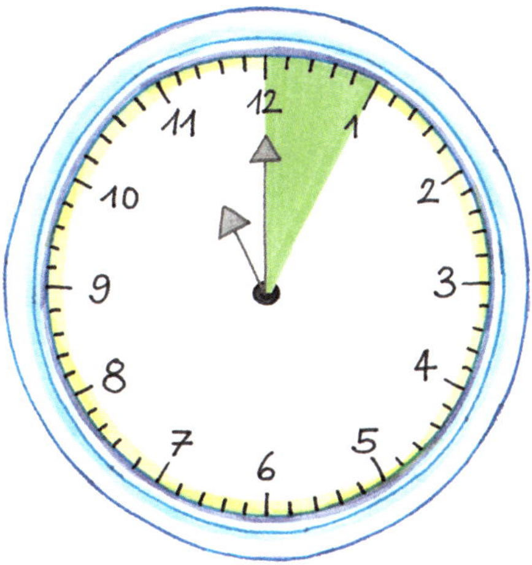

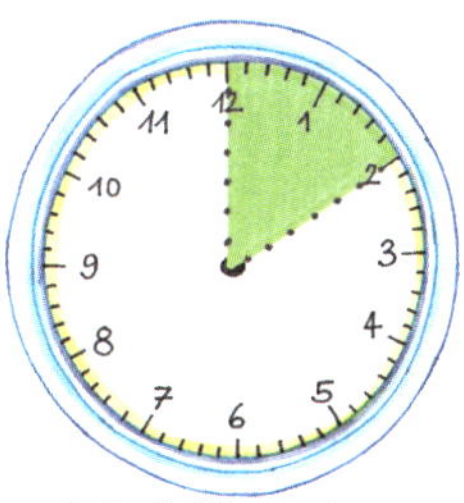

10 Minuten

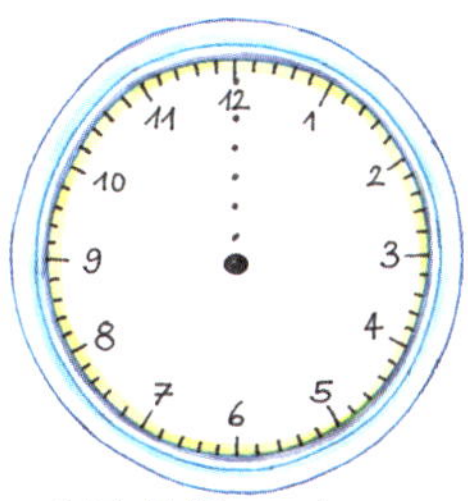

15 Minuten

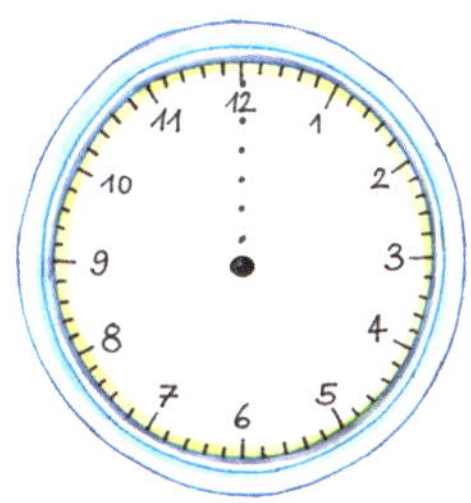

30 Minuten

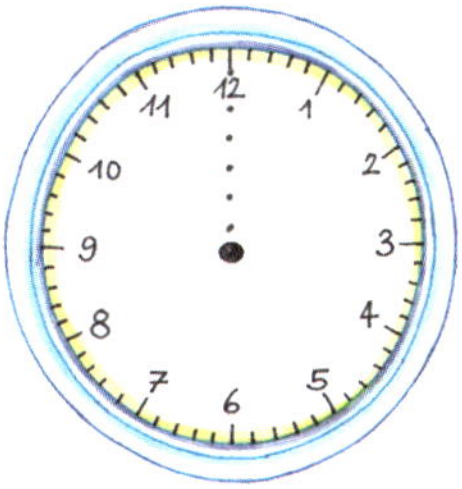

40 Minuten

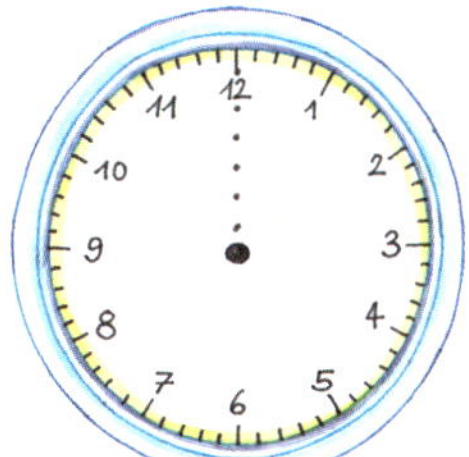

45 Minuten

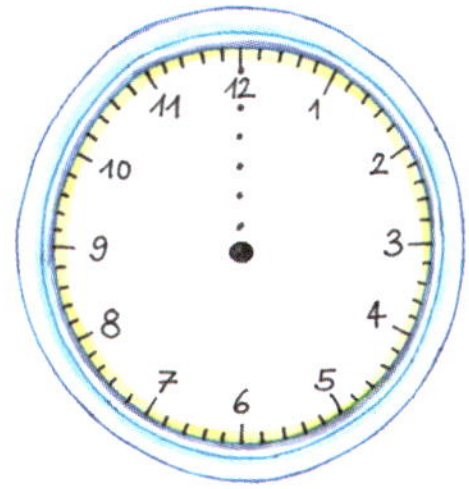

55 Minuten

# Zeitspannen eintragen

Färbe die vergangenen Minuten grün ein.

5 Minuten

Lösungsseite

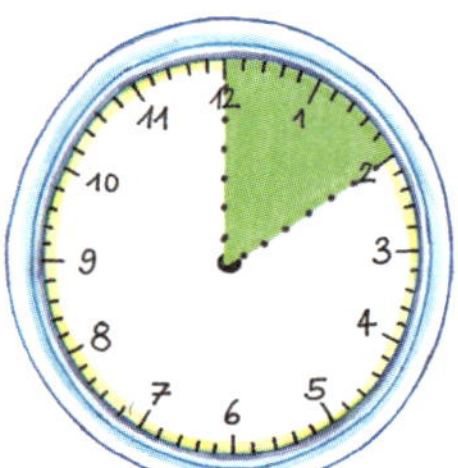

10 Minuten

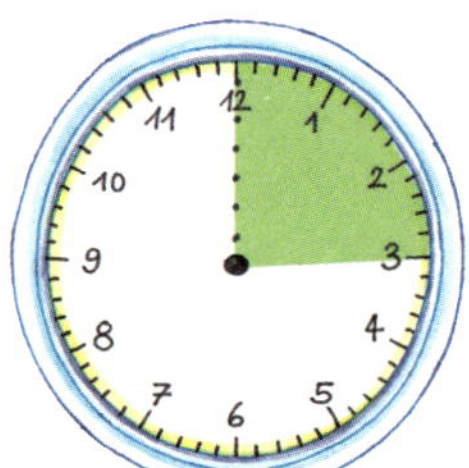

15 Minuten

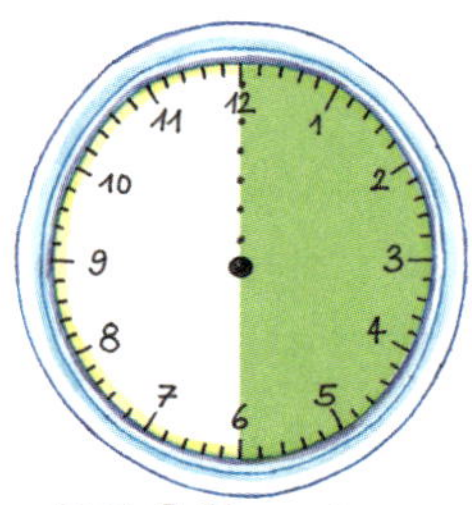

30 Minuten

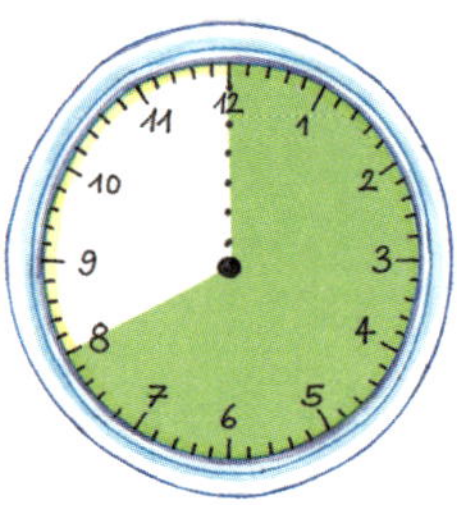

40 Minuten

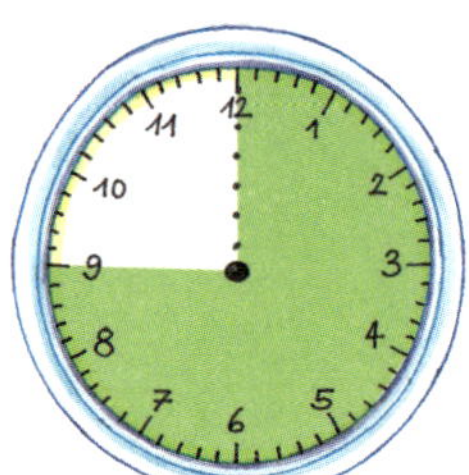

45 Minuten

55 Minuten

# Tage und Wochen

Trage die Wochentage in der richtigen Reihenfolge ein.
Finde die Lösungsworte.

| | | | | |
|---|---|---|---|---|
| 1. | Montag | ei | Dienstag | n |
| 2. | | | Donnerstag | W |
| 3. | | | Samstag | ch |
| 4. | | | Montag | ei |
| 5. | | | Sonntag | e |
| 6. | | | Freitag | o |
| 7. | | | Mittwoch | e |

Rechne um in Tage.

1 Woche = ______ Tage
4 Wochen = ______
5 Wochen = ______

Rechne um in Wochen.

35 Tage = ______ Wochen
14 Tage = ______
70 Tage = ______

# Tage und Wochen



Trage die Wochentage in der richtigen Reihenfolge ein.
Finde die Lösungsworte.

| | | | | |
|---|---|---|---|---|
| 1. | Montag | ei | Dienstag | n |
| 2. | Dienstag | n | Donnerstag | W |
| 3. | Mittwoch | e | Samstag | ch |
| 4. | Donnerstag | W | Montag | ei |
| 5. | Freitag | o | Sonntag | e |
| 6. | Samstag | ch | Freitag | o |
| 7. | Sonntag | e | Mittwoch | e |

Rechne um in Tage.

1 Woche = 7 Tage
4 Wochen = 28 Tage
5 Wochen = 35 Tage

Rechne um in Wochen.

35 Tage = 5 Wochen
14 Tage = 2 Wochen
70 Tage = 10 Wochen

Zähle das Geld.
Rechne die Cent in Euro um.

102 Cent =
1 € 2 Cent

# Rechnen mit Geld

Zähle das Geld.
Rechne die Cent in Euro um.

102 Cent =
1 € 2 Cent

300 Cent =
3 €

220 Cent =
2 € 20 Cent

407 Cent =
4 € 7 Cent

Lösungsseite

# Rechnen mit Geld

Der Verkäufer überlegt, wie viel Wechselgeld er herausgeben muss. Hilf ihm beim Rechnen.

Der Käse kostet 2 € und 40 Cent.

Pia bezahlt mit 3 €.

| | | | | | | | | | | | |
|---|---|---|---|---|---|---|---|---|---|---|---|
| 2 | € | 4 | 0 | Cent | + | | 6 | 0 | Cent | = | 3 € |
| | | Wechselgeld: | | | | | 6 | 0 | Cent | | |
| 4 | € | 5 | 0 | Cent | + | | | | Cent | = | 5 € |
| | | Wechselgeld: | | | | | | | | | |
| 1 | € | 2 | 0 | Cent | + | | | | Cent | = | 2 € |
| | | Wechselgeld: | | | | | | | | | |
| 2 | € | 8 | 5 | Cent | + | | | | Cent | = | 3 € |
| | | Wechselgeld: | | | | | | | | | |

# Rechnen mit Geld

Der Verkäufer überlegt, wie viel Wechselgeld er herausgeben muss. Hilf ihm beim Rechnen.

Der Käse kostet 2 € und 40 Cent.

Pia bezahlt mit 3 €.

Lösungsseite

| | | | | | | | | | | | | | |
|---|---|---|---|---|---|---|---|---|---|---|---|---|---|
| 2 | € | 4 | 0 | Cent | + | | 6 | 0 | Cent | = | | 3 | € |
| | | Wechselgeld: | | | | | 6 | 0 | Cent | | | | |
| 4 | € | 5 | 0 | Cent | + | | 5 | 0 | Cent | = | | 5 | € |
| | | Wechselgeld: | | | | | 5 | 0 | Cent | | | | |
| 1 | € | 2 | 0 | Cent | + | | 8 | 0 | Cent | = | | 2 | € |
| | | Wechselgeld: | | | | | 8 | 0 | Cent | | | | |
| 2 | € | 8 | 5 | Cent | + | | 1 | 5 | Cent | = | | 3 | € |
| | | Wechselgeld: | | | | | 1 | 5 | Cent | | | | |

# Zentimeter und Meter

Rechne mit Zentimetern.

| | | | | |
|---|---|---|---|---|
| 11 cm | + | 50 cm | = | 61 cm |
| 42 cm | + | 20 cm | = | |
| 33 cm | + | 40 cm | = | |
| 24 cm | + | 60 cm | = | |
| 6 cm | + | 80 cm | = | |
| 57 cm | + | 20 cm | = | |
| 18 cm | + | 30 cm | = | |
| 69 cm | + | 10 cm | = | |

Rechne mit Metern.

| | | | | |
|---|---|---|---|---|
| 21 m | + | 40 m | = | 61 m |
| 20 m | + | 43 m | = | |
| 34 m | + | 30 m | = | |
| 50 m | + | 23 m | = | |
| 7 m | + | 60 m | = | |
| 56 m | + | 10 m | = | |
| 28 m | + | 40 m | = | |
| 58 m | + | 20 m | = | |

# Zentimeter und Meter

Rechne mit Zentimetern.

| | | | | | | | | | | |
|---|---|---|---|---|---|---|---|---|---|---|
| 1 | 1 | cm | + | 5 | 0 | cm | = | 6 | 1 | cm |
| 4 | 2 | cm | + | 2 | 0 | cm | = | 6 | 2 | cm |
| 3 | 3 | cm | + | 4 | 0 | cm | = | 7 | 3 | cm |
| 2 | 4 | cm | + | 6 | 0 | cm | = | 8 | 4 | cm |
| | 6 | cm | + | 8 | 0 | cm | = | 8 | 6 | cm |
| 5 | 7 | cm | + | 2 | 0 | cm | = | 7 | 7 | cm |
| 1 | 8 | cm | + | 3 | 0 | cm | = | 4 | 8 | cm |
| 6 | 9 | cm | + | 1 | 0 | cm | = | 7 | 9 | cm |

Lösungsseite

Rechne mit Metern.

| | | | | | | | | | | |
|---|---|---|---|---|---|---|---|---|---|---|
| 2 | 1 | m | + | 4 | 0 | m | = | 6 | 1 | m |
| 2 | 0 | m | + | 4 | 3 | m | = | 6 | 3 | m |
| 3 | 4 | m | + | 3 | 0 | m | = | 6 | 4 | m |
| 5 | 0 | m | + | 2 | 3 | m | = | 7 | 3 | m |
| | 7 | m | + | 6 | 0 | m | = | 6 | 7 | m |
| 5 | 6 | m | + | 1 | 0 | m | = | 6 | 6 | m |
| 2 | 8 | m | + | 4 | 0 | m | = | 6 | 8 | m |
| 5 | 8 | m | + | 2 | 0 | m | = | 7 | 8 | m |

# Würfelgebäude

Verbinde die Türme mit dem passenden Bauplan.

A

B

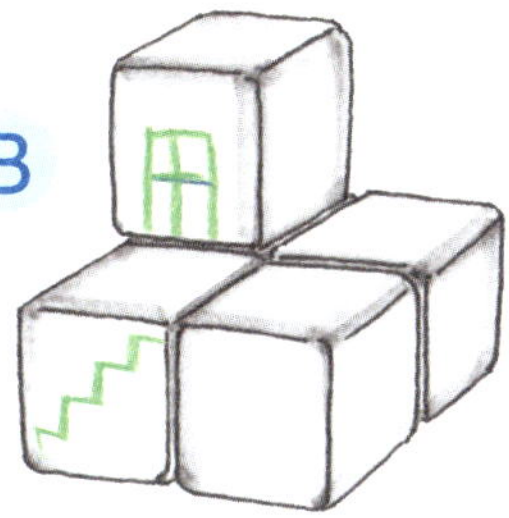

C

D

| | |
|---|---|
| 2 | 1 |
| 1 | 1 |

| | |
|---|---|
| 3 | 0 |
| 1 | 1 |

| | | |
|---|---|---|
| 0 | 3 | 0 |
| 1 | 1 | 1 |

| | | |
|---|---|---|
| 0 | 3 | 0 |
| 4 | 3 | 2 |

# Würfelgebäude

Verbinde die Türme mit dem passenden Bauplan.

Lösungsseite

# Malen

Wie siehst du aus? Male ein Bild von dir.

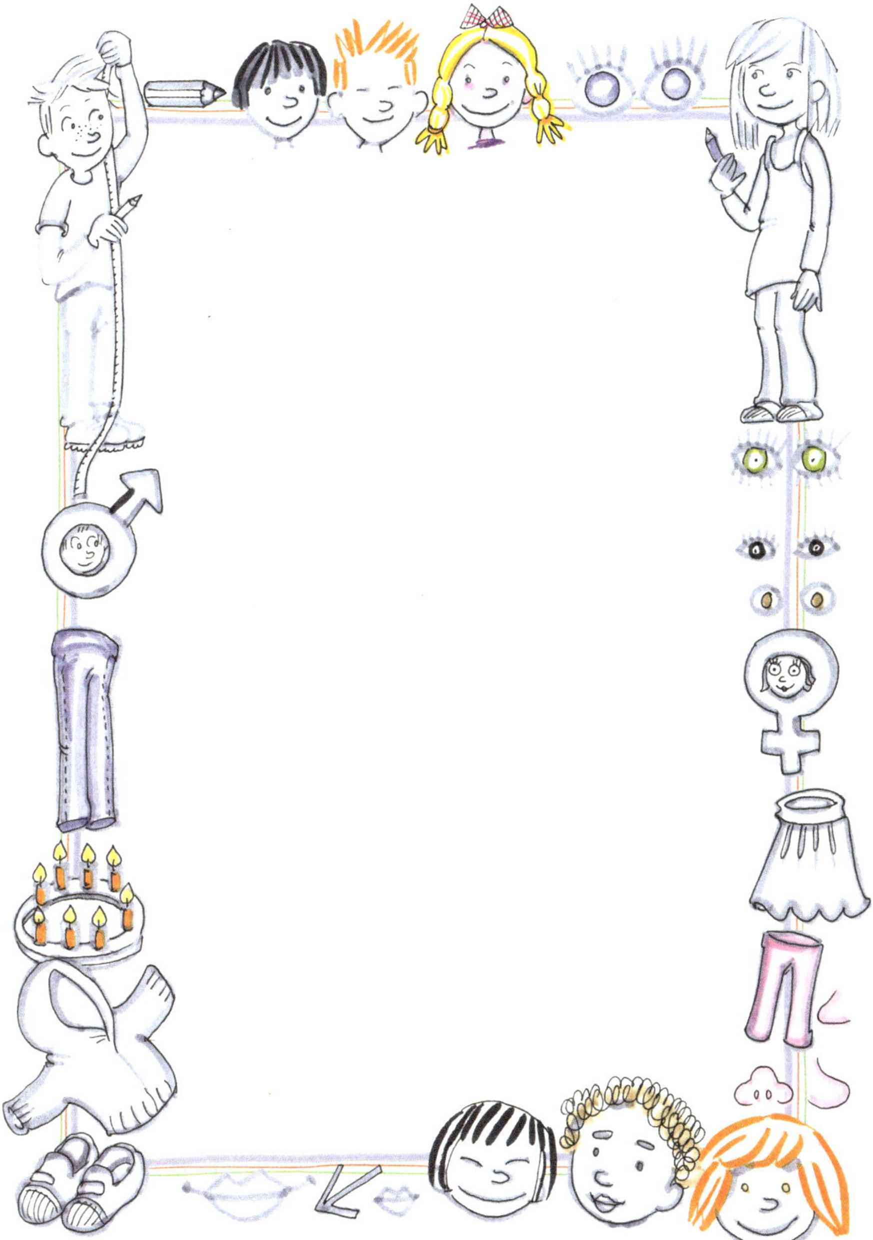

Wie siehst du aus? Male ein Bild von dir.

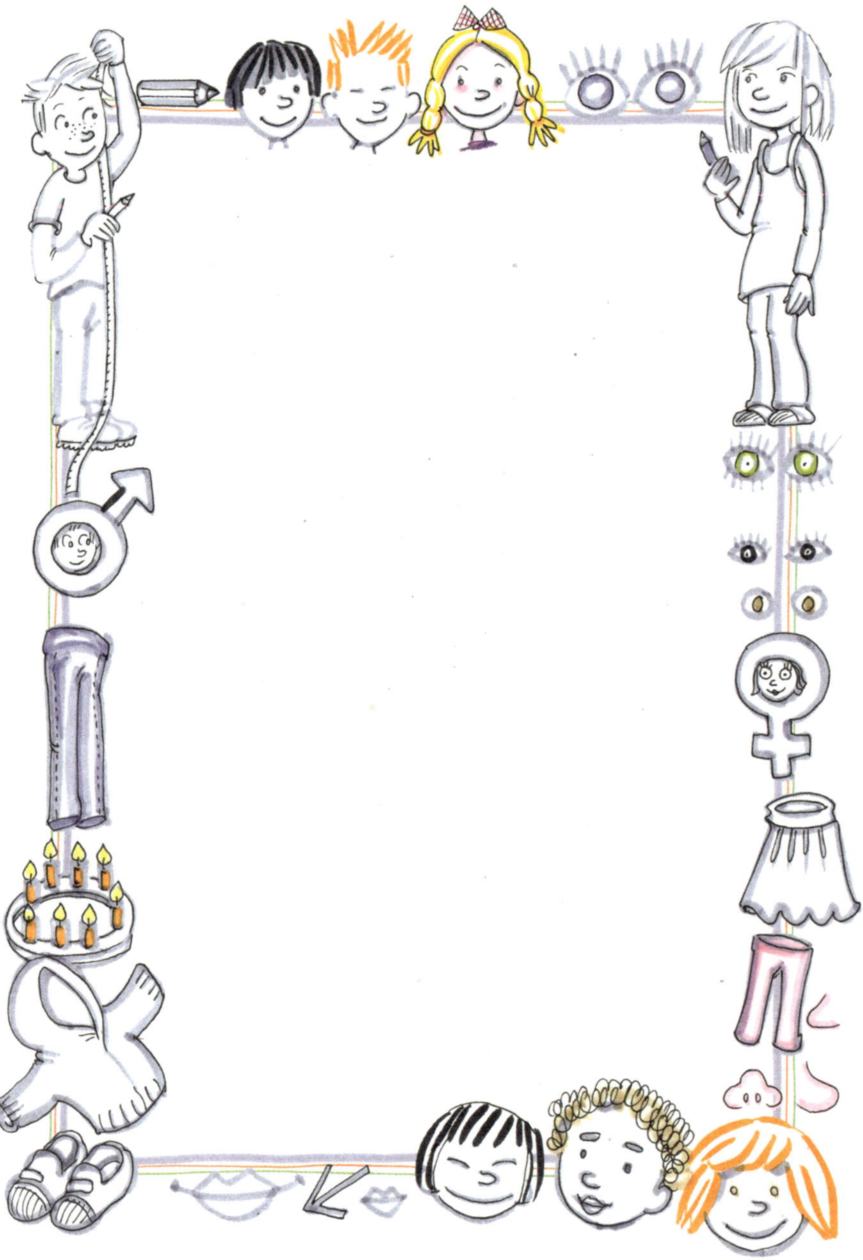

# Bildergeschichte

Welche Sätze passen zu den Bildern?

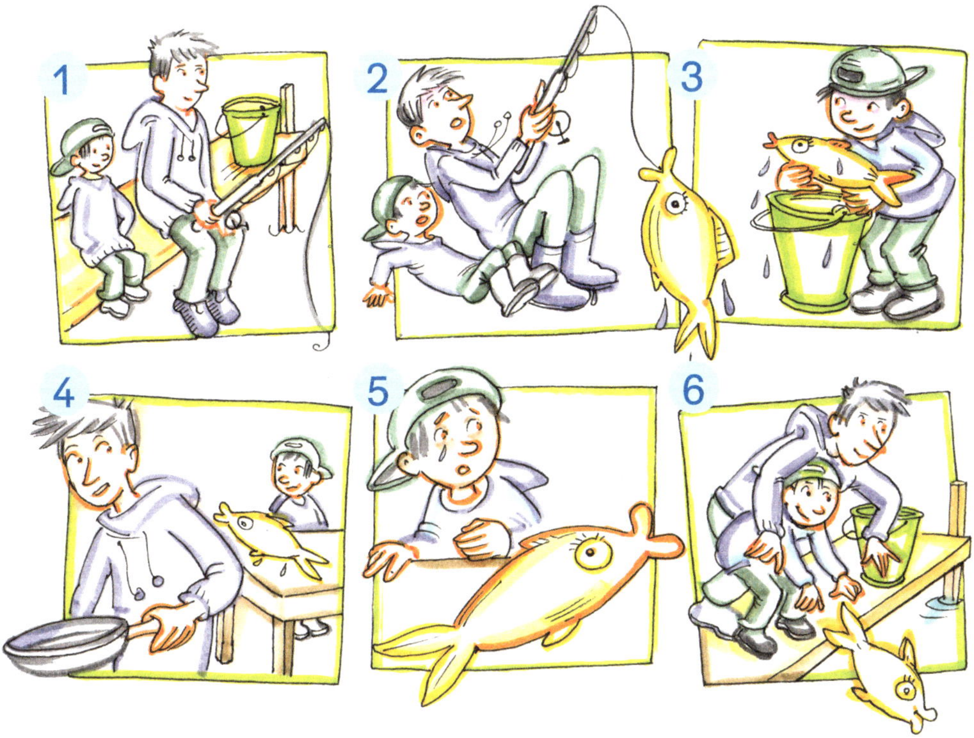


- ◯ Sie fangen einen dicken Fisch.
- ◯ Zu Hause will Vater den Fisch braten.
- ◯ Schnell bringen Sie den Fisch zurück zum See.
- (1) Julius und sein Vater sitzen am See und angeln.
- ◯ Julius ist so traurig.
- ◯ Julius legt den Fisch in einen Eimer.

# Bildergeschichte

Welche Sätze passen zu den Bildern?

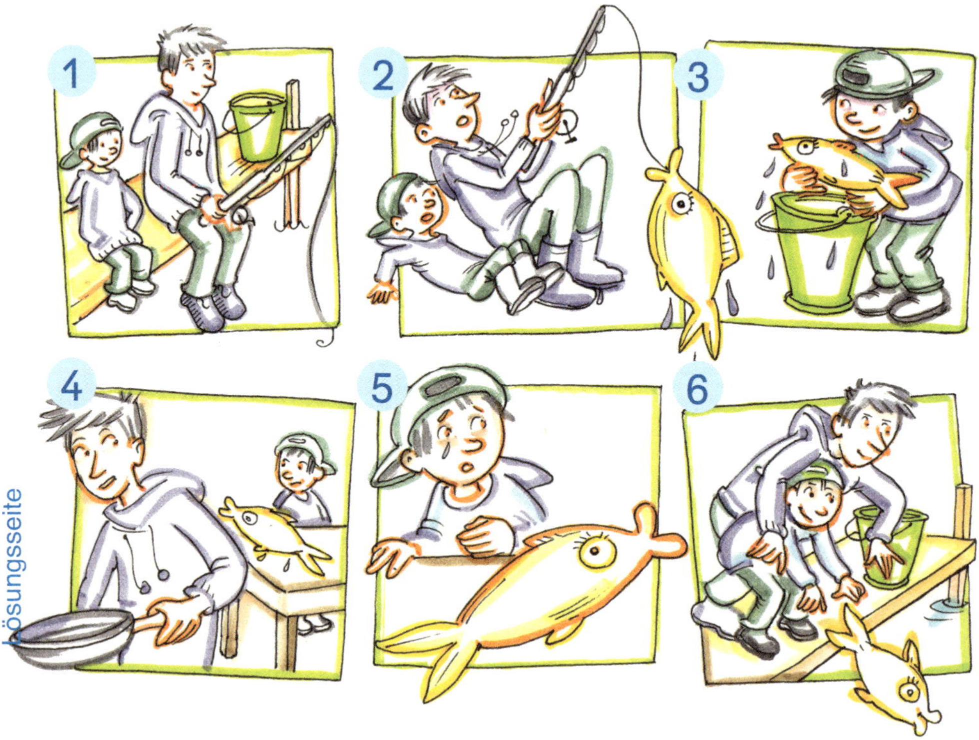


Lösungsseite

(2) Sie fangen einen dicken Fisch.

(4) Zu Hause will Vater den Fisch braten.

(6) Schnell bringen Sie den Fisch zurück zum See.

(1) Julius und sein Vater sitzen am See und angeln.

(5) Julius ist so traurig.

(3) Julius legt den Fisch in einen Eimer.

# Zuordnen

Was wird beschrieben? Kreise ein. Unterstreiche die Adjektive.

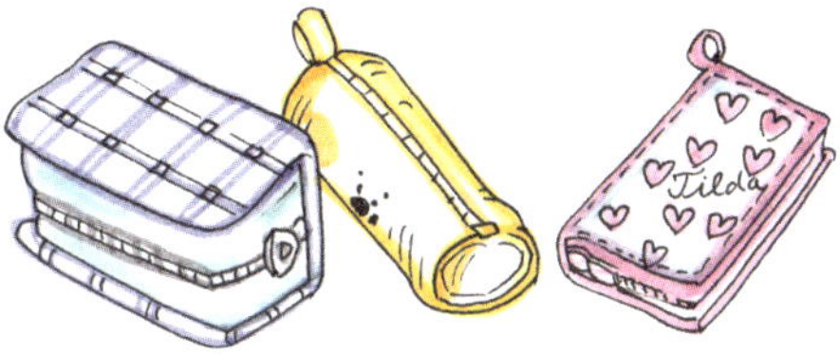


die karierte, dicke
Federtasche

der flache, graue
Schuh

der spitze, rote
Stift

der kleine, gefleckte
Hund

das kleine, grüne
Buch

die enge, lange, blaue
Hose

# Zuordnen

Was wird beschrieben? Kreise ein. Unterstreiche die Adjektive.

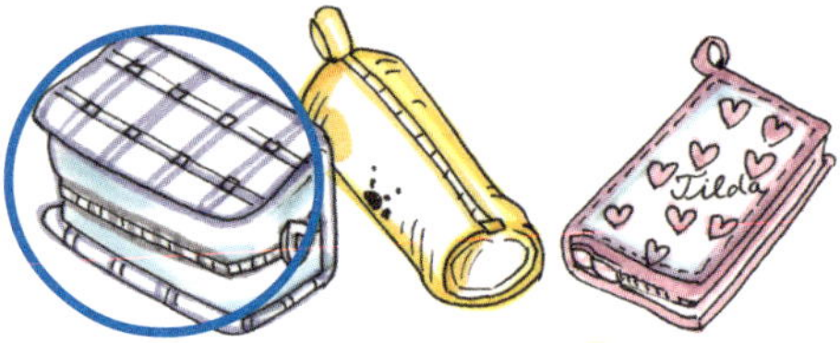


die karierte, dicke Federtasche

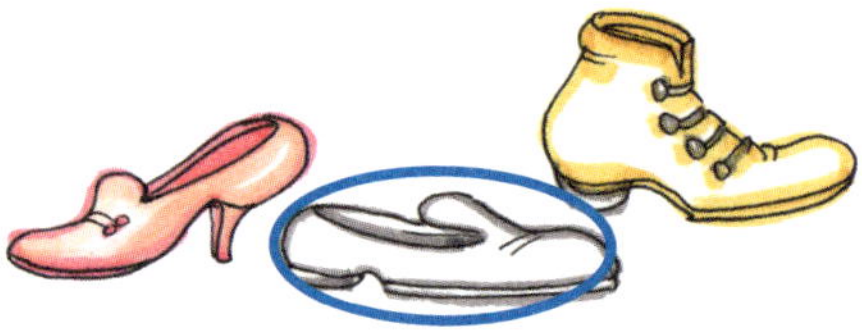

der flache, graue Schuh

der spitze, rote Stift

der kleine, gefleckte Hund

das kleine, grüne Buch

die enge, lange, blaue Hose

Lösungsseite

# Fehlersuche

Welches Verb passt nicht zu den anderen? Trage es in das Rätsel ein. Wie heißt das Lösungswort?

| | | |
|---|---|---|
| 1. kochen<br>grillen<br>verlaufen<br>braten | 2. fragen<br>sagen<br>essen<br>schreien | 3. trinken<br>tauchen<br>baden<br>kraulen |
| 4. pflanzen<br>gießen<br>boxen<br>ernten | 5. feilen<br>rechnen<br>sägen<br>bohren | 6. malen<br>rechnen<br>rennen<br>lesen |

#  Fehlersuche

Welches Verb passt nicht zu den anderen? Trage es in das Rätsel ein. Wie heißt das Lösungswort?

1. kochen, grillen, verlaufen, braten
2. fragen, sagen, essen, schreien
3. trinken, tauchen, baden, kraulen
4. pflanzen, gießen, boxen, ernten
5. feilen, rechnen, sägen, bohren
6. malen, rechnen, rennen, lesen

| | | | | | | | | | | | |
|---|---|---|---|---|---|---|---|---|---|---|---|
| | | 1. | v | e | r | l | a | u | f | e | n |
| | | 2. | e | s | s | e | n | | | | |
| | 3. | t | r | i | n | k | e | n | | | |
| | | 4. | b | o | x | e | n | | | | |
| | 5. | r | e | c | h | n | e | n | | | |
| 6. | r | e | n | n | e | n | | | | | |

Lösungsseite

# Ein Tier beschreiben

Pauls Kätzchen ist verschwunden. Kannst du es beschreiben?

**So sieht das Kätzchen aus**

Es hat ________________________________ Fell

mit ________________________________ Flecken.

Seine Augen sind ________________________________.

Es ist noch sehr ________________________________.

Der Schwanz hat ________________________________.

# Ein Tier beschreiben

Pauls Kätzchen ist verschwunden. Kannst du es beschreiben?

**So sieht das Kätzchen aus**

Es hat ein kurzes, weißes Fell

mit grauen Flecken.

Seine Augen sind grün.

Es ist noch sehr jung.

Der Schwanz hat eine schwarze Spitze.

Lösungsseite

# Von A bis Z

Verbinde die Punkte in der Reihenfolge des Alphabets.
Beginne bei A.

# Von A bis Z

Verbinde die Punkte in der Reihenfolge des Alphabets.
Beginne bei A.

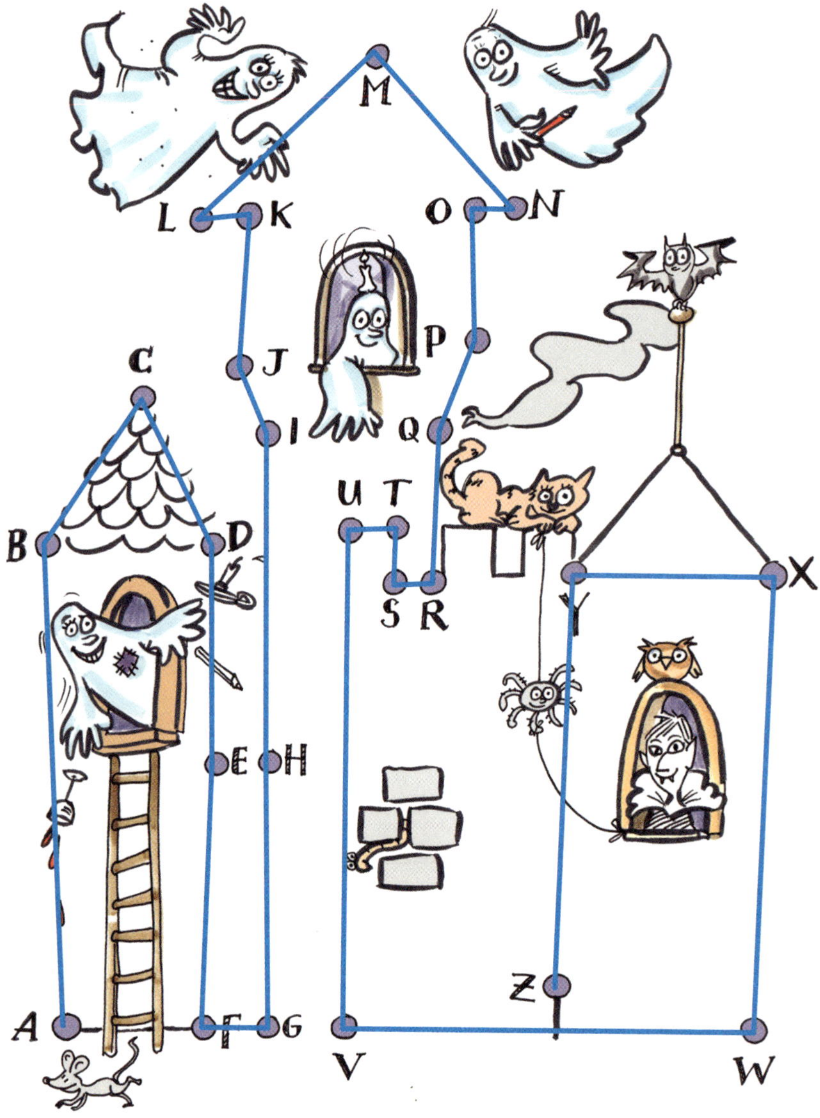


Lösungsseite

# Verben

Schreibe zu den Bildern passende Sätze.
Unterstreiche die Verben rot.

duften:

Die Rose

turnen:

Moritz

lesen:

schreiben:

schlafen:

telefonieren:

# Verben

Schreibe zu den Bildern passende Sätze.
Unterstreiche die Verben rot.

duften:

Die Rose duftet.

turnen:

Moritz turnt.

lesen:

Maria liest.

Lösungsseite

schreiben:

Jonas schreibt.

schlafen:

Die Katze schläft.

telefonieren:

Anton telefoniert.

# Suchbild

Drei Dinge haben keinen Zwilling. Klebe die Sticker auf.

# Suchbild

Drei Dinge haben keinen Zwilling. Klebe die Sticker auf.

Lösungsseite